服装高等教育"十二五"部委级规划教材

服装材料设计与应用

谢琴　主编

孟祥令　张岚　杨默　副主编

U0338671

中国纺织出版社

内 容 提 要

本教材主要根据设计专业学生所需掌握的基本知识而编撰。其中有纺织服装纤维材料基础、服装面料的基础设计、服装面料的再造设计、服装面料的应用设计、服装辅料材料的应用基础设计等内容。教材尝试将工科的"服装材料"知识与艺术设计（服装设计、纺织品设计）知识进行交叉融合。

本教材根据学科交叉复合培养学生的要求，运用服装材料的基本工学知识点与艺术设计的知识点相结合进行阐述，同时运用一定量的案例来佐证。教材采用较多的图片进行"视觉传达"，以此帮助学生掌握必要的知识。

本教材对服装工科类学生或艺术类学生的学习都会带来知识衍生的帮助，是一本工、艺结合的教材。

图书在版编目（CIP）数据

服装材料设计与应用／谢琴主编. --北京：中国纺织出版社，2015.6

服装高等教育"十二五"部委级规划教材

ISBN 978-7-5180-1507-8

Ⅰ. ①服… Ⅱ. ①谢… Ⅲ. ①服装—材料—设计—高等学校—教材 Ⅳ. ①TS941.15

中国版本图书馆CIP数据核字（2015）第070444号

策划编辑：华长印　　责任编辑：华长印　　特约编辑：何丹丹
责任校对：梁　颖　　责任设计：何　建　　责任印制：储志伟

中国纺织出版社出版发行
地址：北京市朝阳区百子湾东里A407号楼　邮政编码：100124
销售电话：010—67004422　传真：010—87155801
http：//www.c-textilep.com
E-mail：faxing@c-textilep.com
中国纺织出版社天猫旗舰店
官方微博http://weibo.com/2119887771
北京通天印刷有限责任公司印刷　各地新华书店经销
2015年6月第1版第1次印刷
开本：787×1092　1/16　印张：12.125
字数：159千字　定价：49.80元

出版者的话

　　全面推进素质教育，着力培养基础扎实、知识面宽、能力强、素质高的人才，已成为当今教育的主题。教材建设作为教学的重要组成部分，如何适应新形势下我国教学改革要求，与时俱进，编写出高质量的教材，在人才培养中发挥作用，成为院校和出版人共同努力的目标。2011年4月，教育部颁发了教高[2011]5号文件《教育部关于"十二五"普通高等教育本科教材建设的若干意见》（以下简称《意见》），明确指出"十二五"普通高等教育本科教材建设，要以服务人才培养为目标，以提高教材质量为核心，以创新教材建设的体制机制为突破口，以实施教材精品战略、加强教材分类指导、完善教材评价选用制度为着力点，坚持育人为本，充分发挥教材在提高人才培养质量中的基础性作用。《意见》同时指明了"十二五"普通高等教育本科教材建设的四项基本原则，即要以国家、省（区、市）、高等学校三级教材建设为基础，全面推进，提升教材整体质量，同时重点建设主干基础课程教材、专业核心课程教材，加强实验实践类教材建设，推进数字化教材建设；要实行教材编写主编负责制，出版发行单位出版社负责制，主编和其他编者所在单位及出版社上级主管部门承担监督检查责任，确保教材质量；要鼓励编写及时反映人才培养模式和教学改革最新趋势的教材，注重教材内容在传授知识的同时，传授获取知识和创造知识的方法；要根据各类普通高等学校需要，注重满足多样化人才培养需求，教材特色鲜明、品种丰富。避免相同品种且特色不突出的教材重复建设。

　　随着《意见》出台，教育部正式下发了通知，确定了规划教材书目。我社共有26种教材被纳入"十二五"普通高等教育本科国家级教材规划，其中包括了纺织工程教材12种、轻化工程教材4种、服装设计与工程教材10种。为在"十二五"期间切实做好教材出版工作，我社主动进行了教材创新型模式的深入策划，力求使教材出版与教学改革和课程建设发展相适应，充分体现教材的适用性、科学性、系统性和新颖性，使教材内容具有以下几个特点：

　　（1）坚持一个目标——服务人才培养。"十二五"职业教育教材建设，要坚持育人为本，充分发挥教材在提高人才培养质量中的基础性作用，充分体现我国改革开放30多年来经济、政治、文化、社会、科技等方面取得的成就，适应不同类型高等学校需要和不同教学对象需要，编写推介一大批符合教育规律和人才成长规律的具有科学性、先进性、适用性的优秀教材，进一步完善具有中国特色的普通高等教育本科教材体系。

（2）围绕一个核心——提高教材质量。根据教育规律和课程设置特点，从提高学生分析问题、解决问题的能力入手，教材附有课程设置指导，并于章首介绍本章知识点、重点、难点及专业技能，增加相关学科的最新研究理论、研究热点或历史背景，章后附形式多样的习题等，提高教材的可读性，增加学生学习兴趣和自学能力，提升学生科技素养和人文素养。

（3）突出一个环节——内容实践环节。教材出版突出应用性学科的特点，注重理论与生产实践的结合，有针对性地设置教材内容，增加实践、实验内容。

（4）实现一个立体——多元化教材建设。鼓励编写、出版适应不同类型高等学校教学需要的不同风格和特色教材；积极推进高等学校与行业合作编写实践教材；鼓励编写、出版不同载体和不同形式的教材，包括纸质教材和数字化教材，授课型教材和辅助型教材；鼓励开发中外文双语教材、汉语与少数民族语言双语教材；探索与国外或境外合作编写或改编优秀教材。

教材出版是教育发展中的重要组成部分，为出版高质量的教材，出版社严格甄选作者，组织专家评审，并对出版全过程进行过程跟踪，及时了解教材编写进度、编写质量，力求做到作者权威，编辑专业，审读严格，精品出版。我们愿与院校一起，共同探讨、完善教材出版，不断推出精品教材，以适应我国高等教育的发展要求。

中国纺织出版社
教材出版中心

前言

纺织服装领域经过三十多年的风雨洗礼，使我们清醒地认识到：纺织服装产业可持续发展的关键是纺织服装材料的发展，是复合型人才的辈出。对服装领域的复合型人才而言，他们应是具备材料科学技术知识与服装艺术设计能力，并能在实际中操作的人才。目前，这类人才相对匮乏，需要加快培养、教育。目前针对工科类学生对艺术设计不甚了解，而艺术设计类学生对材料科学知识知之甚少的现状，我们根据教学实践，尝试编撰了这本教材。

本教材尝试将属于工科的"服装材料"知识与艺术设计（包括服装设计、纺织品设计）进行交叉融合。根据学科交叉、复合培养学生的要求，运用服装材料的基本工学知识点与艺术设计的知识点结合进行阐述，并运用案例来佐证。第一章，概述本教材的各章主要内容。第二章，从工科视角讲解服装面料的基础知识，包括纤维、纱线、织物等基本概念。第三章，服装面料设计基础，叙述面料外观设计中的纹样设计、肌理设计、色彩设计与风格特征；同时，分别阐述机织与针织面料外观与纤维、纱线、组织结构的关系，并配以图片进行视觉说明；讲解了织物外观与织物性能的关系；诠释面料服用性能的设计。第四章，阐述了面料再造设计所产生的视觉效果及其运用的手法，并以实例进行论证。第五章，论述服装面料的应用设计，解读不同种类服装与面料之间的关系。第六章，重点讲述辅料的应用。本教材对服装工科类学生、艺术类学生的学习都会带来知识衍生，是一本尝试将工、艺结合的教材。

全书共分六章：第一章由谢琴编写；第二章由孟祥令、谢琴编写；第三章由张岚、孟祥令编写；第四章由杨默编写；第五章由张岚、谢琴编写；第六章由孟祥令编写。全书由谢琴统稿。

本书在编撰过程中得到了东华大学材料学院朱美芳教授、东华大学服装学院刘晓刚教授、上海工程技术大学林兰天教授、中国美术学院凌雅丽教授的支持和帮助。同时得到上海视觉艺术学院领导与同事的支持、关心和鼓励，在此表示真挚的感谢。

由于编写团队基本上是在教学第一线的年轻教师，受编者的水平所限，书中难免有不足之处，敬请相关专家及读者批评指正。

谢琴

2015年3月

教学内容及课时安排

章/课时	课程性质/课时	节	课程内容
第一章 （16课时）	基础理论 （48课时）		·绪论
		一	服装材料的发展历程
		二	服装材料的内容
		三	服装用纺织面料的艺术设计
第二章 （32课时）			·服装材料基础
		一	服装材料用纤维基础
		二	服装材料用纱线基础
		三	服装材料用织物基础
		四	服装用皮革材料
		五	服装面料的认知
第三章 （48课时）	应用理论 （48课时）		·服装面料的基础设计
		一	服装面料的外观设计基础
		二	机织面料的外观设计
		三	针织面料的外观设计
		四	服装面料的外观与织物性能
		五	面料的服用性能设计
第四章 （24课时）	应用设计 （64课时）		·服装面料再造设计
		一	服装面料再造设计概念
		二	面料再造的设计与表现
		三	面料再造与服装设计
第五章 （32课时）			·服装面料的应用设计
		一	服装面料的应用设计
		二	服装面料的色彩搭配设计
		三	服装面料与配饰的搭配设计
第六章 （8课时）			·服装辅料的应用设计
		一	服装里料
		二	服装衬料
		三	扣紧材料
		四	其他辅料

注 各院校可根据自身的教学特色和教学计划对课程时数进行调整。

目录

基础理论——

绪论

课题名称：绪论

学习目的：通过本章的学习，使学生初步了解纺织纤维、纱线、织物等服装材料的类别、性质以及运用范畴；初步了解服装材料设计的基础知识，并能运用设计元素与服装材料的功能相结合来设计面料或在已有面料的基础上再造和应用。

本章重点：本章重点为纤维的分类、性质；面料的功能设计、艺术设计；服装面料的应用。

课时参考：16课时

第一章　绪论

　　服装最基本的要素——服装材料，它的发展、变化，从某种意义上讲，决定了服装文化的超前性。自从有人类文明记载开始，我们发现人类发展史与服装材料发展史是相对"同步"的，服装材料与人类的生活是休戚相关的，与社会经济是高度"关联"的。从天然纤维到再生纤维、合成纤维，进而到高性能纤维、智能纤维的发展是纺织材料技术的"跃迁"及材料设计艺术的"再现"，表明了服装材料随着人类的文明、社会的进步、科学技术的发展、设计艺术的繁荣，使服装、服饰成为时尚的亮点。

　　服装材料设计从某种角度来讲，是在各种艺术的"孕育"下，用新的科学技术的手段来表现它的特质和内在的张力，同时在渐进式地发展。特别是在服装与材料融合设计、技术与艺术的交叉运用时，服装材料在服装设计中所表达的主题就有了一定的深度。根据服装设计的审美要求，将服装材料审美信息传递给服装设计，并进行同构，产生我们对服装材料多角度、全方位诠释的视角，并且有了服装材料新的设计语言，这是我们学习服装材料专业的重要任务。

一、服装材料的发展历程

（一）远古时期

　　在8000多年前，古埃及人就在尼罗河边种植亚麻，并使用亚麻做成纺织纤维使用。根据记载，在7000多年前的新石器时代，我国已用葛纤维织布制衣，从出土文物中就有蚕茧及丝绣品，在马王堆墓中，我们发现了用提花机控制万余根纱线织成的线织饰物。在宋代，棉花已应用于纺织，到晚清时期，黄道婆的纺织技术已经能够生产各种用途的纺织品，包括用织物增强漆胶的漆器和纺织铜丝增强陶瓷的景泰蓝复合材料。

（二）19世纪末～20世纪

　　19世纪末出现了再生纤维素纤维，如铜氨纤维、黏胶纤维、醋酯纤维等。

　　从19～20世纪的100年间，随着工业技术的发展，纤维材料得到了长足的发展。从20世纪初开始，黏胶纤维（再生纤维素纤维）实现了工业化生产，如人工合成纤维锦纶、涤纶、腈纶相继出现，并投入生产和得到广泛的使用。

　　同时，由于生物技术的应用，使改性羊毛、有色棉花进入实用阶段。另外，具有高功能、高性能的高科技纤维相继问世，如多组分、异质、异性、异形（异形纤维、中空纤维、差别化纤维等）复合新材料出现，各组分材料性能优缺点互补，从而呈现良好的综合性能，这使得各种新型、高性能纤维材料的应用开发，得到进一步的发展，出现了新材料使用量超过了棉纤维的使用量。这是纤维材料随着时间的推移，不断被成功开发、应用的必然结果。

（三）21世纪以来

随着现代纤维科学技术的发展，服装材料重点是发展环境良好、可循环使用的绿色纤维，如运用Lyocell、聚乳酸类纤维（Polylactic acid，PLA）、甲壳素纤维、竹、麻及海洋生物资源开发的新型生物质环保纤维材料，超仿真、功能化、差别化纤维等材料，已成为服装视觉审美、功能设计的材料基础。

同时，21世纪将信息技术、微电子技术应用到服装材料中去，并进行交叉、融合，使之成为智能化的服装纤维，用它们制成智能型的服装。如可调节温度的服装、可以上网的服装、能反映人体健康的服装、可知人情绪的智能服装（变色提示）等智能化纤维的开发，进一步拓展了服装领域材料应用的深度和广度。

随着时代的发展和社会的进步，根据人类的需求，服装材料专业工作者将会开发出更多功能各异、性能高超、色彩丰富、纹样美观的面料，为服装、服饰的时尚发展做好基础性工作。

二、服装材料的内容

（一）服装材料最基本的单元——纺织纤维

常用的纺织纤维可以分为生物质纤维、常规合成纤维、高性能纤维和无机纤维四个大类：

1. 生物质纤维

生物质纤维是指生物质原生纤维、生物质再生纤维、生物质合成纤维等纤维类别。

（1）生物质原生纤维：指天然植、动物纤维，经物理加工后而生成的纤维，如棉花（图1-1）、亚麻（图1-2）、蚕丝（图1-3）、毛等。棉纤维具有良好的吸湿透气性，手感柔软，舒适性强，可制成各类服装，特别是内衣、夏装、儿童装等。麻纤维的优点是吸湿性极佳，导热性好，制成的服装滑爽，是夏季服装面料的首选。但该类面料刚性大，若处理不好而制成服装，特别是贴身服装，穿着后会有刺痒感。

在服装上使用较多的动物纤维是蚕丝和各类毛纤维。蚕丝纤维面料的特点是质轻、细软、滑爽，而且有弹性，但耐日光性、回弹性较差。各类毛纤维的共性是轻、滑、柔、软，保暖性好，它与蚕丝纤维一般都用在较高档的服装上，这些服装是深受消费者欢迎的产品之一。

图1-1　棉花

图1-2　亚麻

图1-3　蚕丝

（2）生物质再生纤维：是以天然植、动物纤维为原料，经过化学加工后而生成的纤维。如黏胶纤维、醋酯纤维、铜氨纤维、用竹浆、麻浆制成的再生纤维、甲壳素纤维、海藻纤维等。这类纤维可循环利用，并对环境基本不产生危害。这类纤维可制成具备新功能和服用新性能的服装。

（3）生物质合成纤维：是源于生物质而合成的纤维，是源于生物质采用生物合成技术制作的合成纤维。如聚乳酸类纤维是一种具有抗菌、阻燃、易染色、易降解、易吸收的新型环保纤维。聚丁二酸丁二醇酯（Poly butylene Succinate,PBS）是一种典型的可完全生物降解的聚合材料，也是一种良好环保材料。聚对苯二甲酸丙二醇酯（Polytrimethylene Terephthalate,PTT）是一种弹性好、手感柔软、易染色的环保纤维，而且有良好的市场前景。其原料之一的1,3-丙二醇（Propanediol,PDO）这类纤维可摆脱原料依赖石油资源的状况。

2. 常规合成纤维

该类纤维主要利用煤、石油、天然气等为原料，人工合成并经机械加工制成的纤维。合成纤维通常根据合成高聚物的单体名称加"聚"而命名。如聚酯纤维，主要有涤纶纤维（Polyester fibers,PET），学名聚对苯二甲酸乙二酯。该纤维挺括、抗皱、耐磨性、耐光性、耐虫蛀性均好，但吸湿性差，易起毛起球，易吸附灰尘。还有学名为聚对苯二甲酸丁二酯纤维（Poly Butylene Terephthalate,PBT）染色性能好的阳离子可染聚酯纤维（Cationic Dyeable Polyester Fiber,CDP），性能优于涤纶纤维的聚对苯二甲酸丙二酯纤维（Polyethylene acrylic two,PTT）和高弹性、高伸长的聚氨基甲酯纤维又称氨纶等。

聚酰胺纤维，主要有锦纶，学名聚乙内酰胺纤维，也称尼龙6、尼龙66。聚丙烯腈纤维又称人造羊毛等。

合成纤维的特性一般是耐磨性、耐热性、耐晒性、抗皱性、化学稳定等性能较好，但吸湿性、染色性较差，这类纤维制成的服装感觉闷热、不舒服，同时静电大，易吸尘。合成纤维通常与其他类别纤维（特别是与天然纤维）混纺，以改善合成纤维的不足。

3. 高性能纤维

该类纤维主要用于特殊功能的服装、航空、航天、交通运输、过滤材料方面等。

目前，高性能纤维可以应用在服装上，例如，聚四氟乙烯纤维（polytetrafluoroethylene fiber,PTFE），该纤维化学稳定性极好。在服装面料运用上被称为"会呼吸的布"，它透气不透水。碳纤维是一种含碳量在95%以上的高强度、高模量纤维，有很高的化学稳定性和耐高温性能，主要运用在航天、航空方面。

4. 无机纤维

该类纤维基本不直接作为服装材料使用，只有在特殊服装上，会采取与纺织纤维混纺使用。无机纤维是以矿物质为原料，经过加热熔融、压延等物理或化学方制成的纤维。主要品种包括玻璃纤维、石英纤维、硼纤维、玄武岩纤维、陶瓷纤维、金属丝纤维等。

（二）构成面料的基础——纱线

纱线是由纺织纤维组成的，它可以由一根或多根纤维、长丝、短纤维构成单纱（单丝）或由两根、多根单纱捻合在一起，形成的叫双线或多股线。将几根股线捻合成的叫复捻股线，又称为缆线。纱线具有较好的断裂强度和柔曲性等性能。

经常使用的纱线主要有普通纱线和花式纱线两大类（图1-4）。

图1-4 各种花式纱线

（三）服装用面、辅料

服装用材料的最终表现形式是织物面料，不同的制造工艺生产出不同的织物面料。

1. 服装用面料

由纺织纤维或纱线制成的具有一定力学性质，有一定厚度的柔软平面制品称为织物或面料。织物面料按织造工艺可以分为机织物（图1-5）和针织物（图1-6）。

图1-5 机织物

图1-6 针织物

2. 织物面料的服用相关性能与其应用

织物面料的服用性能是直接关系到服装的外观和使用价值的，改善它的性能是提高织物面料服用性能的必要之举。我们研究其有关的性质与性能，是为了更好地使用它的服用性能。

织物面料具有力学性质，即织物面料在受到外力作用时，抵抗变形及破坏的能力。研究它的力学性质，关键是延长服装使用期限。

织物面料的外观性能，是通过视觉观察到它的外观。例如，织物面料的抗皱性能、织物面料因重量下垂的程度及形态的悬垂性能、织物面料的缩水性能等，都能通过织物面料的外观"形象"来表达服装外表的状态，这是织物面料重要的外观指标。

织物面料的热舒适性能，主要表现在它的透气性、吸湿性、导湿性、导热性、透水性、拒水性、抗静电性、阻燃与抗熔融性等，这些是织物面料的基本性能要求。

织物面料的功能性，除了常规的服用性能外，还有特殊的功能，例如，织物的抗菌性、织物的抗紫外线性等。这些是织物面料功能的基础，为了使服装的穿着更舒适、更健康，面料织物必须要有更多新功能，这是开发织物新产品的关键。

3. 服装用皮革材料、非织造织物、辅料

服装用皮革材料，主要是指动物皮革和人造皮革。动物皮革经鞣制加工后，带有毛被的毛皮称为"裘皮"或"皮草"，去掉毛被加工成皮板的称为"革皮"，皮与革是两种不同的东西。人造皮革是由合成的纺织复合材料制成的皮革，主要品种有聚氯乙烯人造皮革、聚氨酯合成革、人造麂皮等。

非织造产品主要是由纤维等原料经机械或化学加工，黏合而成的薄片或毡状、絮状结构、纤维网等物品，称之为"非织造布"。还可以与其他织物或材料复合成为一种新材料，也可以制作服装（图1-7）。

图1-7 用无纺布设计的作品（任悦初 作品）

　　服装辅料是构成服装时不可缺少的辅助材料。它的种类、规格繁多，在不同类型服装、不同面料、不同部位使用不同的辅料。这就需要我们认识辅料的类别和应用的方法。

　　辅料主要包括纽扣与拉链、服装用衬垫料（肩垫、胸垫）、里料（服装里层材料）、缝纫线（连接服装各个部位裁片的线类材料）、填充料（面料与里料之间的填充材料）、包装（包括标识）材料、紧扣材料（纽扣、拉链、钩、环）及装饰材料（花边、缎带、镶坠材料：包括珠子、钻饰、亮片塑料饰物）等（图1-8～图1-10）。

图1-8 纽扣与拉链（图片来源：香港国际春季成衣展）

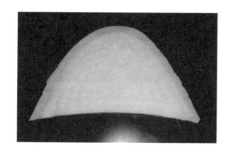

图1-9 花边与肩垫

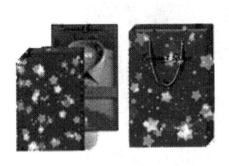
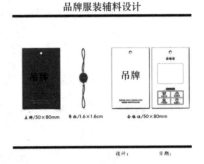

图1-10 包装材料

三、服装用纺织面料的艺术设计

服装用纺织面料艺术设计是服装实现多种文化元素的"集合体",是一种视觉上的"触摸",用内心感受体会的艺术设计,也是通过文化、艺术、风格与技术、材料等融合,直观地表达社会价值取向的设计。

服装用纺织面料的艺术设计有以下几个方面:

(一)服装面料的肌理设计

1. 机织物的肌理设计

机织物的肌理设计是用组织结构设计来表现。从艺术设计的角度来说,这是面料设计的一个基础部分,它与色彩、图案、纹样等设计组成一个完整的系统来表达设计者的整体构思。主要从纺、织两方面的工艺入手,根据不同的组织结构进行肌理效果设计。具体表现在通过纱或线按照一定规律纵、横交叉交织而成,并运用原组织、变化组织、联合组织及复杂组织结构设计面料的肌理效果。

2. 针织物肌理设计

针织物是用织针将纱线编织成圈并相互串套形成针织物肌理效果。它同样也是根据不同的组织结构,运用联合组织和复杂组织结构进行肌理设计。

(二)服装用织物面料的色彩设计

1. 服装用织物面料的色彩设计原理

服装用织物面料的色彩设计是指用光从物理学的角度来诠释色彩产生的原理,即光是一种电磁波,有不同的波长和频率。可见光是在波长380~780纳米间。自然光即阳光,由七色光色组成:红、橙、黄、绿、蓝、靛、紫。

物体的色彩是因为它对七色光中色光的吸收或反射不同。色彩有三原色和补色。三原色指红、绿、蓝(图1-11),它们是任何色彩调配不出的色彩,而其他色彩可由三原色按一定比例调配出来。补色是指一个原色和对应的间色互为补色，在色环上（图1-12）处于180度直线相对的颜色。

图1-11 色光三原色

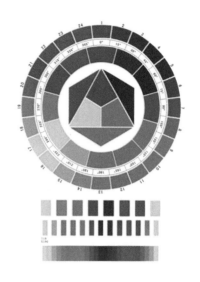

图1-12 色环与色谱

2. 服装用纺织面料色彩图案的特征

服装用纺织面料色彩图案的特征很大程度表现在它的民族性和时代性。

民族的风格特点，往往选用代表民族特色的色彩图案，例如，中国民间对蓝色比较钟爱，就有了蓝印花布、靛蓝蜡染布，常用代表着民族风格的图案，例如，牡丹、龙凤、中国文字等吉祥图案纹样（图1-13），常以红色为主的色彩，强化了服饰图案的中国民族特色（图1-14）。西方的风格特点，最典型的风格色彩是用白色表示纯洁、正直、高贵，黑色表示神秘、典雅。图案受洛可可的装饰风格的影响，流行表现S形或涡旋形的藤草（佩兹利图案）和庭园花草纹样。近代，较流行的纹样有野兽派的杜飞花型，以星系、宇宙为主题的迪斯科花型，还有利用几何错视原理设计的花样等。色彩的时代性则表现在不同时

图1-13 中国传统色彩图案

图1-14 经典花卉纹样

期的流行与时尚上。目前，服装面料的色彩流行多变，对服装面料而言，流行色彩趋势研究已是时尚的一个重要组成部分。

服装用纺织面料图案设计的规律变化与统一变化，是保持设计生命力的动力。在图案设计的各个元素中，都要保持相对的变动，有时一个小小的局部变动，如形状、颜色、机理等的变化，都会使图案全局呈现"生机勃勃"的形象。但是，在变化的同时必须用统一约定来制约，使局部变化服从全局，避免主次颠倒。

3. 服装用纺织面料经典图案纹样

在服装用纺织面料图案设计时，常常会想到经典图案纹样的运用，例如，佩兹利纹样（图1-15）以涡旋纹组成的松果形纹样（北克什米尔地区）；康茄纹样（图1-16）以四条边纹、一个中心纹样构成纹样（非洲民族）；基坦卡纹样（图1-17），仿蜡染织物；基高纹样（图1-18），常运用在一种筒形腰裙上的纹样（非洲民族）；博戈郎纹样（图1-19），几何形图案纹样（非洲马里）；塔帕纹样（图1-20），几何的形状为主要图形纹样（太平洋地区）；夏威夷纹样（图1-21），大型图案的组织结构；友禅纹样（图1-22），多套色的植物与几何形图案纹样（日本江户时代）；古埃及纹样（图1-23），绘画与雕塑的图案纹样（埃及古老的宗教艺术）；波斯纹样（图1-24），连圆结构及区域性对称结构的纹样（伊朗高原）；印加纹样（图1-25），没有弧线、曲线的表述，完全由直线构成纹样（安第斯）；印度纹样（图1-26），反复循环而构成的印花纹样（印度）；蓝印花布纹样（图1-27），手工艺型纸印制蓝印花布纹样（中国蓝印花布始于宋朝）；朱伊纹样（图1-28），古典主义风格和雕塑效果感的规则性散点排列形式的图案纹样（法国巴黎朱伊小镇）等。

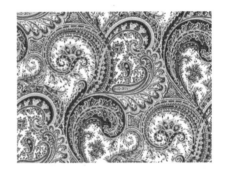

图1-15 佩兹利纹样

4. 服装面料现代图案纹样

在服装面料设计中运用经典图案的同时，常会与现代图案纹样结合应用，以求达到最佳效果。典型的现代图案纹样有：

图1-16 康茄纹样

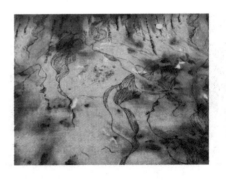

图1-17 基坦卡纹样

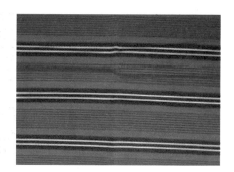

图1-18 基高纹样

图1-19 博戈郎纹样

图1-20 塔帕纹样

图1-21 夏威夷纹样

图1-22 友禅纹样

图1-23 古埃及纹样

图1-24 波斯纹样

图1-25 印加纹样

图1-26 印度纹样   图1-27 蓝印花布纹样

（1）莫里斯纹样（图1-29）。其图案以装饰性植物为主题的纹样居多，茎藤、叶属的曲线层次分明，它们经过穿插、互借合理、排列紧密，具有强烈的装饰意味。

图1-28 朱伊纹样   图1-29 莫里斯纹样

（2）欧普纹样（图1-30）。运用透视学、几何学的光效、错视原理，把几何图形的基本元素，进行组合循环，相互交错，使消失的余像运动、光效聚散以及色彩的相互联系所构成的视幻感应。

（3）肌理纹样（图1-31）。自然界中，许多物质有其特殊的肌理形态，如木质、大理石的天然纹理，各类禽兽皮毛的天然纹理等。微观世界，有多样性的生物细胞的组织纹样都具备不可复制性、不可重复性和模糊性的特点。

图1-30 欧普纹样   图1-31 肌理纹样

（4）其他纹样。多元化、多形式、多风格、多流派的服装面料现代图案纹样设计令人眼前一亮。

（三）服装用纺织面料的再造设计

服装用纺织面料再造设计是在原有的服装面料上，运用色彩、图案、纹样、肌理重构等设计表现手法，对服装面料进行再一次改造设计，即根据对服装面料审美要求进行技术性的处理，如轧褶、绗缝、镂空、机绣、贴布、钩针、编织等特殊工艺加工，使其产生新的视觉效果，以展示服装整体的艺术表现力。

面料再造的作品和数字、机械和手工刺绣工艺的混合，醒目、强烈的纹理搭配细致优雅的刺绣，出现在凸起的表面上（图1-32～图1-34）。

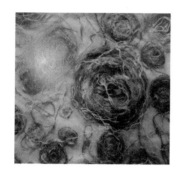 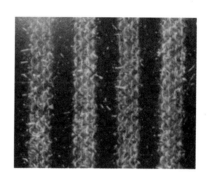

图1-32　面料再造1　　　　　　　　　图1-33　面料再造2

图1-34　面料再造3

面料再造艺术加工的基本做法，大多是将面料的肌理、性能、纹样等元素打散、解构、再重组，形成新的肌理及肌理对比，或者重新造型，这一再造设计工艺对现代服装的发展起着不可替代的作用。

结语

服装材料的系统知识是发展服装最基础的要素，它与服装同时从各种文化、艺术、风格、科学、技术等方面吸取设计、创作的精髓。我们今天对服装材料的解析正是沿着社会、经济、文化、教育的多元化轨迹，将服装材料的工程、技术、艺术、设计等领域的知识放在一个平面来思考、构架，把多个专业跨界交融，这样会给大家带来意想不到的效果。我们尝试着将工科与设计内容交叉出现以飨读者。

思考与练习

1. 服装基础材料的分类、性质、特点及其基本的运用是什么？

2. 服装材料的艺术设计基础要素是什么？

3. 思考如何运用服装材料的基本性质、艺术设计元素设计作品（产品）？

基础理论——

服装材料基础

课题名称：服装材料基础

学习目的：通过本章的学习，使学生初步了解纤维、纱线、织物是构成服装材料的关键点；掌握纤维的基本分类与常见纤维的特征与性能；掌握纱线的基本分类、物理特征以及花式纱线的运用；能基本识别机织、针织面料的结构参数；了解织物、非织造布与毛皮等服装材料的性能；掌握织物原料的鉴别、经纬向与正反面的认知。

本章重点：本章重点为纤维的分类、常见纤维的特征与性能、纱线的物理特征、花式纱线的运用、织物的结构参数、织物的鉴别。

课时参考：32课时

第二章 服装材料基础

材料，通常是指人类用以制作构件、器件或物品的物质。材料的发展往往标志着社会的进步，因而与信息、能源并称为现代文明的三大支柱。服装材料属于材料学学科中重要的分支，它与人类生活关系密切。可以这么说，用以加工制成服装的原料统称为服装材料，具体物质载体为各种纤维、纱线、织物等。

服装材料的来源丰富，纤维是构成服装材料的基本材料。纤维是决定服装材料最终服用性能的关键基础，因而需了解与掌握纤维的种类、性能以及对服装外观和品质的影响，以便充分利用和发挥纤维材料的特性，对服装进行更为科学与合理的设计、制作、服用和保养。

第一节 服装材料用纤维基础

纤维（fiber/fibre），通常指直径几微米（μm）或几十微米，长度比其直径大许多倍，具有细而长的特征的物质。用作服装的纤维通常需具备以下条件：具有一定的化学和物理稳定性；有一定的强度、柔曲度、弹性、可塑性和可纺性。

纤维的性能和特征是影响服装外观审美性、服用舒适性、服用耐久性及保养性能等主要因素。

一、纤维分类

（一）按原料分类

将纺织纤维按原料分类是一种最本质的分类方法，根据中国纺织工程学会编著的《2012～2013纺织科学技术学科发展报告》，可以将纤维分为生物质纤维、常规合成纤维、高性能纤维、功能纤维等（表2-1）。

用于服装材料的纤维以生物质纤维、常规合成纤维为主，对于特殊服装，如消防服、飞行服、潜水服等更多采用高性能纤维、功能纤维。

1. 生物质纤维

按原料来源与加工方式又可分生物质原生纤维、生物质再生纤维与生物质合成纤维三类。

表2-1 常见服用纤维的分类

		种子纤维	棉、木棉、彩棉等
生物质纤维	生物质原生纤维		
		果实纤维	椰壳纤维等
	植物纤维（天然纤维素纤维）	韧皮（茎）纤维	亚麻、苎麻、大麻、罗布麻等
		叶纤维	剑麻、蕉麻、菠萝麻、马尼拉麻等
	动物纤维（天然蛋白质纤维）	动物毛发	绵羊毛、山羊绒、马海毛、兔毛、骆驼毛、牦牛毛、羊驼毛、骆马毛等
		丝（腺分泌物）	桑蚕丝、柞蚕丝、天蚕丝、蓖麻蚕丝、木薯蚕丝等
	矿物纤维	石棉等	
	生物质再生纤维	再生纤维素纤维	黏胶纤维、铜氨纤维、醋酯纤维、Lyocell/Tencel纤维、竹浆纤维、富强纤维等
		再生蛋白质纤维	牛奶蛋白纤维、大豆蛋白质纤维、海藻类纤维、甲壳素纤维、花生纤维等
	生物质合成纤维		聚乳酸纤维、聚对苯二甲酸二醇酯（PTT）纤维等
常规合成纤维	聚酯纤维（涤纶）、聚酰胺纤维（锦纶）、聚丙烯腈纤维（腈纶）、聚丙烯纤维（丙纶）、聚氨基甲酸酯纤维（氨纶）、聚乙烯醇纤维（维纶）、聚氯乙烯纤维（氯纶）等		

（1）生物质原生纤维即天然纤维，是指自然界生长或形成的，可用于服装材料制作的纤维材料。天然纤维主要包括植物纤维（天然纤维素纤维）、动物纤维（天然蛋白质纤维）与矿物质纤维等，这类纤维通常为天然高分子化合物。

（2）生物质再生纤维是以天然动、植物为原料，经过化学方法和机械加工制成的纤维。主要包括再生纤维素纤维、再生蛋白纤维、再生海藻纤维、甲壳素纤维等。

（3）生物质合成纤维来源于生物质的合成纤维，是采用生物合成技术制备的生物基高分子材料，如用生物合成技术制备的聚乳酸类纤维（聚丁二酸丁二醇酯纤维，聚对苯二甲酸丙二醇酯纤维等）。它是传统化学聚合技术和工业生物技术结合的产物，具有原料可再生的特点，开发前景广阔。

2. 常规合成纤维

常规合成纤维主要以石油、煤和天然气等为原料，经人工合成得到高分子化合物，再经纺丝加工制成，主要包括聚酯纤维、聚酰胺纤维、聚丙烯腈纤维、聚丙烯纤维等。

3. 高性能纤维

高性能纤维具有很高的强度和模量，其化学稳定性和耐高温、阻燃性参差不齐。典型的高性能纤维有碳纤维及芳香族聚酰胺纤维等，主要用于宇航、航空、工业、运输、产业用纺织品等方面。

4. 功能纤维

功能纤维主要是对化学纤维改性，使它具有诸如抗菌、阻燃、抗皱等特殊功能的纤维。

（二）按长度分类

纺织纤维按长度可分为短纤维与长丝。

短纤维是指长度较短的天然纤维或化学纤维的切段纤维（图2-1），长度一般为35～150mm。按天然纤维的规格可分为棉型、毛型、中长型等。短纤维可以纯纺，也可以不同比例与天然纤维或化学纤维混纺制成纱条、织物和毡。

长丝是指连续长度很长的单根或多根丝条，长度一般以千米计（图2-2）。

图2-1　短纤维

图2-2　长丝

（三）按色泽分类

纺织纤维按色泽可分为本白纤维（图2-3）、有色纤维（图2-4）、有光纤维（图2-5）、消光（无光）纤维（图2-6）、半光纤维等。

图2-3　本白纤维

图2-4　有色纤维

图2-5　有光纤维

图2-6　无光纤维

二、影响纺织纤维性能的内部结构

纺织纤维多由高分子化合物组成。不同的高分子化合物的化学构成，形成了不同的纤维，不同化学结构的纤维具有不同的物理性质和化学性质。纤维的结构特征是影响纤维的物理性质和化学性质的主要因素。影响纤维物理与化学性质的内部结构主要是纺织纤维在平衡态时分子中原子的几何排列及分子间的几何排列的聚集态结构，其要素主要包括聚合度与结晶度。

（一）聚合度

组成服装纤维的高分子化合物一般是线型长链大分子，其中的链节称为"单基"。单基可以完全相同，也可以不完全相同。

聚合度是指大分子中含有单基的数量。纤维分子的聚合度越大，纤维的强度也越大。天然纤维的聚合度取决于纤维的生长条件和纤维的品种，化学纤维的聚合度可以通过生产工艺进行控制。

（二）结晶度与取向度

纺织纤维中大分子的排列，在某些部位排列较为整齐，形成结晶结构，称为晶区；另一些排列不整齐的部位称为非晶区，也称无定形区（图2-7、图2-8）。

结晶度是指晶区的体积占纤维体积的百分比，取向度是指纤维中大分子按纤维轴向排列的一致程度。纤维的结晶度高、取向度好，则纤维的强度较大，而变形能力较差。

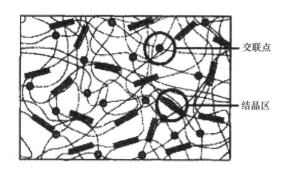

图2-7　纤维的微观网状结晶结构

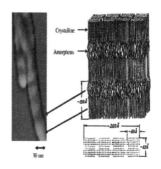

图2-8　沿纤维轴向分布的结晶区、无定形区

化学纤维在加工成型过程中，原来排列不整齐的纤维分子在拉伸作用下，可使趋向于拉伸力的方向整齐地排列起来，从而提高纤维的结晶度与取向度。

三、纤维的物理特征

纤维的长度、细度、纵向与横截面形态、外观、纤维内部的孔洞和缝隙都影响着纤维作为服装材料的服用性能。

（一）纤维的长度

纤维的长度对纱线和织物的外观、强度和手感都有影响。长丝纤维构成的织物表面光滑、轻薄、洁净（图2-9）；短纤维构成的织物外观丰满、有毛羽、有温暖感（图2-10）。

图2-9　长丝织物　　　　　　　图2-10　短纤维织物

　　棉纤维长度一般在40mm以下；毛纤维平均长度约为50～75mm，最长不超过300mm；苎麻纤维长度约为120～250mm；亚麻纤维长度约为25～30mm。棉花、羊毛和亚麻等天然纤维，在同样纤维细度下，纤维长度越长，长度均匀度越好，品质也越好。

　　化学纤维的长度可以根据需求定长加工。加工成短纤维，可按接近天然短纤维长度分为棉型纤维、毛型纤维、仿毛型纤维三种类型。棉型纤维长度在51mm以下，接近棉纤维的长度，制成的织物外观特征与棉织物相近；毛型纤维长度在64～114mm，接近羊毛纤维的长度，所制织物外观特征与毛织物相近；仿毛型纤维属于中长纤维，长度在51～67mm，介于棉纤维与毛纤维之间。

（二）纤维的细度

　　纤维的细度是衡量纤维品质的重要指标，也是影响贴身衣物触感舒适性的重要因素。纤维越细，手感越柔软。

　　纤维的粗细可用直径来表示，常以μm（1μm=1/1000mm）为单位。当纤维横截面为圆形时，直接用直径表示；若纤维横截面为非圆形时，则以等面积圆形的直径表示。

　　羊毛纤维的粗细常以品质支数❶来表示。例如，70S（读作：70支）的羊毛，是指羊毛的品质支数。品质支数是按羊毛纤维直径微米数所制订的相应数值。用以表示羊毛纤维的细度。品质支数的高低代表纤维的粗细。品质支数越高，纤维越细，质量越好，价格越高，细品质支数的羊毛多用于高档精纺织物。羊毛细度与品质支数的对照表如表2-2所示。

---

　　❶ 品质支数的由来源于20世纪末的一次国际会议，根据当时纺纱设备和纺纱技术水平以及毛纱品质的要求，把各种线密度羊毛实际可纺的英制精梳毛纱支数称为品质支数，以此来表示羊毛品质的优劣。随着科学技术的发展，纺纱方法的改进，对纺织品品质要求的不断提高和纤维性能研究工作的进展，羊毛品质支数已逐渐失去它原来的意义。目前，羊毛的品质支数仅表示平均直径在某一范围内的羊毛细度指标。

表2-2　羊毛细度和品质支数对照表

品质支数	细度范围（μm）	细度误差范围（±μm）	变异系数（%）
80	14.5～18.0	3.6	20
70	18.1～20.0	4.51	22
66	20.1～21.5	4.97	22.7
64	21.6～23.0	5.43	23.6
60	23.1～25.0	6.4	25.6
58	25.1～27.0	7.28	27
56	27.1～29.0	8.12	28
50	29.1～30.0	9	29
48	30.1～34.0	10.2	30
46	34.1～37.0	11.85	32
44	37.1～40.0	13.2	33
40	40.1～43.0	15.48	36
36	43.1～55.0	22.55	41
32	55.1～67.0	31.49	47

　　纤维细度还可以用特克斯（tex）、旦数（D）等表示，具体请参阅第二章第二节纱线细度部分。常见纤维的细度和长度如表2-3所示。

表2-3　常见纤维的细度表

纤维	线密度（dtex）	直径（μm）	长度（mm）
海岛棉	1.6～2	11.5～13	28～36
美国棉	2.2～3.4	13.5～17	16～30
亚麻	2.7～6.8	15～25	25～30
苎麻	4.7～7.5	20～45	120～250
美利奴羊毛	3.4～7.6	18～27	55～75
蚕丝	1.1～9.8	10～30	$5 \times 10^5 \sim 10 \times 10^5$
马海毛	9.3～25.9	30～50	160～240
化学纤维	依工艺与设计而定		

（三）纤维的重量

　　纤维的重量通常用体积重量来表示。纤维的体积重量是指单位体积纤维的重量，常用单位为：克/立方厘米（g/cm³）或毫克/立方毫米（mg/mm³）。纤维的体积重量取决于纤维自身结构、纤维长链分子的分子量和结晶度等。

纤维的体积质量影响织物的覆盖性。体积质量小的纤维具有较大的覆盖性，制成的服装轻便、舒适；反之，覆盖性小，服装重量较重。体积质量小的纤维适于制作质轻、保暖、便于折叠携带和活动的服装。常见纤维的体积质量如表2-4所示。

表2-4　常见纤维的体积质量表

纤维	体积质量（g/cm³）	纤维	体积质量（g/cm³）	纤维	体积质量（g/cm³）
棉	1.54	铜氨纤维	1.50	腈纶	1.17
麻	1.50	醋酯纤维	1.32	维纶	1.26～1.30
羊毛	1.32	三醋酯纤维	1.30	氯纶	1.39
蚕丝	1.33	涤纶	1.38	丙纶	0.91
黏胶纤维	1.50	锦纶	1.14	乙纶	0.94～0.96
				氨纶	1.0～1.3

（四）纤维的形态

在显微镜下观察纤维的纵向和横截面可以比较纤维的外观形态与截面形态。常见纤维的纵向和横截面特征如表2-5所示。

表2-5　常见纤维的纵向与横截面特征（部分图片来源：仪器信息网）

纤维	纵向形态	横截面形态
棉		
蚕丝		
黏胶		

续表

纤维	纵向形态	横截面形态
腈纶		
锦纶		
醋酯纤维		
亚麻		
羊毛		
绿赛尔 （不卷曲）		

续表

纤维	纵向形态	横截面形态
涤纶		
维纶		
三醋酯纤维		

图2-11 毛呢

纤维常见的表面结构有五种类型：

（1）转曲或横节结构。该类结构的纤维表面粗细不匀，有转曲或横节或各类细小突起。这种结构使纤维相互啮合，利于纺纱。如棉、麻等天然纤维素纤维（表2-5）。

（2）鳞片结构。该类纤维的表面有鳞片，这种结构利于纺纱加工，纤维易在加工中毡合而形成特有的毛呢风格，如羊毛纤维（表2-5）。羊毛纤维黏合而形成的毛呢外观（图2-11）。

（3）沟槽结构。纤维的表面呈现纵向的细沟槽，具有这种结构的纤维具有较好的可纺性，如黏胶纤维（表2-5）。

（4）平滑结构。纤维表面平滑，不利于纤维之间的相互啮合，可纺性差。如熔融纺丝制成的合成纤维（表2-5）。

（5）多孔结构。纤维表面多孔，这种结构多见于化学纤维（如涤纶、腈纶）经改性处理后的纤维表面。这种结构改善了纤维的吸湿性、染色性和手感。

　　通过改变纤维表面结构，可以有效改善纤维的吸湿性、可纺性、染色性与风格等，从而达到材料改性的目的。

　　改变纤维的截面，也可以使纤维改性。例如，异形截面形状的合成纤维，在吸湿性、光泽、耐污性、蓬松性、透气性、抗起球性等方面均有所改善（图2-12）。

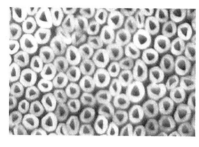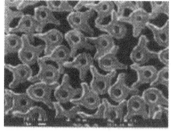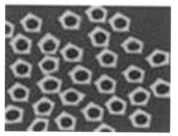

图2-12　异形纤维截面图

四、常见纤维的特征与性能

（一）生物质纤维

1. 生物质原生纤维

　　（1）棉纤维。棉纤维是由棉籽表皮壁上的细胞伸长加厚而成。一个细胞长成一根纤维。常用棉为细绒棉（又称陆地棉）和长绒棉。细绒棉纤维的平均长度为25～33mm，线密度为1.54～2.0dtex，强力（单纤）为3.5～4.5cN。长绒棉纤维的平均长度为33～45mm，线密度为1.18～1.43dtex，强力（单纤）为4～6cN。

　　棉纤维的断裂伸长率3%～7%，公定回潮率❶为8%～13%。棉纤维耐碱不耐酸，在一定浓度的NaOH溶液中处理后，纤维横向膨胀，从而截面变圆，天然转曲消失，纤维呈现丝一样的光泽。

　　在自然界，除了白色棉花外，还有彩色棉花品种。目前，彩色棉纤维有浅蓝色、浅黄色、浅灰色、浅绿色、红褐色、深棕色、墨绿色等。经测试，有色棉纤维具有良好的可纺性能，各项物理指标与白棉纤维相近。

　　（2）麻纤维。麻纤维是指从各种麻类植物中取得的韧皮（茎）或单子叶植物的叶脉纤维的统称。常见品种有苎麻、亚麻等。

---

　　❶ 回潮率是表示纺织材料吸湿程度的指标。以材料中所含水分重量占干燥材料重量的百分数表示。在纺织品贸易中为了计量和核价的需要，必须对各种纺织材料的回潮率作出统一规定，称公定回潮率。各国所规定的纺织材料公定回潮率略有不同。我国制订公定回潮率的大气标准是依据国际标准ISO 139:2005《纺织品　调湿和试验用标准大气》而制订的。我国规定的标准大气状态为：湿度65%±3%，温度20℃±2℃。公定回潮率就是指在该标准大气状态下纺织材料的吸湿程度。

①苎麻纤维的平均长度为20~250mm，平均线密度为0.5tex，伸长率低，湿强大于干强，强度为5.3~7.9cN/tex，断裂伸长率为3.5%~4%。

麻纤维之间的抱合力差，不易捻合，纱羽多，手感粗硬，苎麻有刺激感。麻织物吸汗后不易沾身，但弹性差、不耐磨。

②其他麻类纤维还有亚麻、黄麻、洋麻、罗布麻、大麻、菠萝叶纤维等品种。除亚麻外，其他麻纤维由于较粗，适宜用作包装用布、麻袋、绳索、地毯底布等。

（3）毛绒纤维。毛绒纤维是天然的动物纤维，其主要组成物质为蛋白质。耐酸不耐碱，吸湿性、染色性能好。毛绒纤维主要有羊毛、马海毛、兔毛、牦牛毛、羊驼毛等。

羊毛纤维的品种主要有细羊毛、长羊毛、半细羊毛、粗羊毛等。

①细羊毛纤维的平均直径为25μm，毛丛长度为7cm，线密度、长度均匀，毛色洗白可染成各种颜色，是毛纺工业中最有价值的原料之一。

②长羊毛纤维粗长，毛丛长度在10cm以上（多为15~30cm），羊毛纤维平均直径为25~55μm。有明亮光泽，但纺纱性能不好。

③半细羊毛纤维的线密度与长度介于细羊毛和长羊毛之间，纤维直径为25~34μm，纺纱性能较好。

④粗羊毛纤维的平均直径为36~63μm，纺纱性能差。

（4）天然丝纤维。天然丝纤维是由蚕吐丝而成的天然蛋白质纤维。蚕又分家蚕和野蚕。家蚕即桑蚕，结的茧是生丝原料。野蚕有柞蚕、蓖麻蚕、木薯蚕，其中柞蚕结的茧可以缫丝，其他野蚕茧不易缫丝，仅作绢纺原料。

蚕丝有较好的伸长度，纤维细而柔软、平滑、有弹性、光泽好、吸湿性好。

桑蚕丝的线密度为2.8~3.9dtex，强度为2.5~3.5cN/dtex，湿强比干强下降16%~25%，断裂伸长为15%~25%。柞蚕丝略粗，线密度为5.6dtex，强度为3~3.5cN/dtex，湿强比干强下降4%~10%，断裂伸长为23%~25%。

蚕丝的强度大于羊毛，接近棉；伸长率小于羊毛，大于棉；弹性回复能力小于羊毛而优于棉。

蚕丝的吸湿能力强，在一般大气条件下，桑蚕丝的回潮率可达8%~9%，柞蚕丝可达10%。吸湿性达到饱和时可达35%，吸湿后纤维膨胀，直径可增65%。

蚕丝的耐光性较差，容易泛黄，泛黄发脆后，强力下降，长时间日照，蚕丝的强度会损失50%左右。

2. 生物质再生纤维

（1）再生纤维素纤维。再生纤维素纤维主要包括黏胶纤维、铜氨纤维、醋酯纤维等。

①黏胶纤维：黏胶纤维是从棉短绒、木材、芦苇、甘蔗渣中提取纯净的纤维素，经过烧碱、二氧化硫处理后制备成的纺织纤维。

普通黏胶纤维具有良好的吸湿性。吸湿后显著膨胀，纤维直径可增加50%，因此织物手感硬，耐碱不耐酸，但耐酸碱均比棉差。断裂强度比棉低。织物容易伸长，尺寸稳定性差，耐磨、耐疲劳性差。但其染色性能好，色谱全，色泽鲜艳，染色牢度较好。

②铜氨纤维：铜氨纤维是在氢氧化铜的浓氨溶液中，溶解棉短绒等各种天然纤维素纤维，在2%～3%硫酸溶液中使铜氨纤维素分子化学物分解再生出纤维素。铜氨纤维性能与黏胶相近，纤维手感柔软，光泽柔和、有真丝感，常用于做高档丝织品或针织品，但受原料限制，工艺复杂，产量较低。

③醋酯纤维：醋酯纤维是纤维素分子与醋酯作用生成醋酸纤维素酯，经纺丝制成醋酯纤维。该纤维制成的面料洗涤方便，不易沾污，不易起皱，弹性好，手感柔软，宜用于女性服装面料。

④Lyocell/Tencel纤维：该类纤维被誉为21世纪最有前途的高科技绿色纤维。即原料、生产工艺环保，产品可被生物降解，具有优良的机械性能和服用性能。其强度与涤纶纤维相近，吸湿能力为棉纤维的2倍。可作为各种女装时装面料、休闲服装面料及床上用品，并能开发各种规格的面料。

⑤ 竹浆纤维、竹原纤维：竹浆纤维是以竹子为原料，采用黏胶纺丝工艺生产的再生纤维素纤维。它是一种新型、可生物降解的环保纺织原料。它具有良好的吸湿性、透气性、抗起球起皱。虽然竹浆纤维不耐酸碱，但它具有较好的耐热性、染色均匀性，可生物降解；还有天然的抗菌、抑菌和防紫外线等功能。可作纺织面料、毛衫内衣等服饰以及医用卫生、日用品等用途。

竹原纤维是一种全新的天然纤维，是采用物理、化学相结合的方法制取的天然竹原纤维。天然竹原纤维与竹浆纤维有着本质的区别，竹原纤维属于天然纤维，竹浆纤维属于化学纤维。天然竹原纤维具有吸湿、透气、抗菌抑菌、除臭、防紫外线等良好的性能。

（2）再生蛋白质纤维。再生蛋白质纤维主要包括大豆蛋白质纤维、牛奶蛋白纤维、海藻类纤维、甲壳素纤维等。

① 大豆蛋白质纤维：大豆蛋白质纤维被称为"绿色纤维"，是以去油脂的大豆豆粕做原料，提取植物球蛋白高聚物经合成后制成的新型再生植物蛋白纤维，采用生物工程等高新技术处理，经湿法纺丝（单丝）而成。这种单丝细度细、比重轻、强伸度高、耐酸耐碱性强、吸湿导湿性好。因此，大豆蛋白质纤维具有蚕丝般的柔和光泽及蚕丝的优良性能，有羊绒般的柔软手感，棉的保暖性和良好的亲肤性等优良性能，还有明显的抑菌功能。同时又有合成纤维的机械性能、尺寸稳定、挺括抗皱、保型性好。

② 牛奶蛋白纤维：牛奶蛋白纤维是以牛乳作为基本原料，经过脱水、脱油、脱脂、分离、提纯，使之成为一种具有线型大分子结构的乳酪蛋白，再与丙烯腈共聚，经工艺处理而成。牛奶蛋白纤维比棉、丝强度高，耐穿、耐洗，防霉、防蛀、易贮藏，对皮肤有良好的保养作用，同时具有天然持久的抑菌功能，广谱抑菌达80%以上。

③海藻类纤维：海藻类纤维是从海洋中提取藻类植物海藻酸为原料经纺丝加工而成的纤维。海藻纤维由于原料来自天然海藻，纤维具有良好的生物相容性、可降解吸收性等特

殊功能，用这种海藻纤维制成的面料和服装比一般纤维制成的面料、服装更能保持和提高人体表面温度。穿着含有海藻成分的面料可以让人的大脑松弛，也可以提高穿着者的注意力与记忆力，还具有抗过敏、减轻疲劳及改善睡眠状况。来自深水海底的海藻类纤维为新材料的发展带来了新的希望。

④甲壳素纤维：甲壳素纤维采用虾、蟹、昆虫等的壳为原料，采用技术脱乙酰，并通过湿式丝纺法生产而制得。具有良好的吸湿性、透气性和出色的抗菌性、除臭性、抗静电性能。主要用于医疗、卫生行业。该纤维制成的医用敷料能起到镇痛、止血、促进伤口愈合的功效。同时在家庭的床单、被套、毛毯、餐巾、毛巾、鞋里布、沙发布、窗帘布、内衣、婴儿服等中也有使用。甲壳素纤维具有抗菌除臭特性，也被称为抗菌纤维。

3. 生物质合成纤维

源于生物质的合成纤维用途较广，如用生物合成技术制备的聚乳酸类纤维（聚丁二酸丁二醇酯纤维、聚对苯二甲酸丙二醇酯纤维等）。生物基高分子材料是传统化学聚合技术和工业生物技术完美结合的产物，具有原料可再生的特点，开发前景广阔。

（1）聚乳酸纤维（PLA）。聚乳酸纤维是以玉米、小麦等淀粉原料发酵、聚合、抽丝而制成的绿色纤维。从生产到产品使用自然循环，废弃后可自然降解。具有穿着舒适，有弹性、悬垂性、吸湿、透气、耐热性以及抗紫外线等功能。聚乳酸纤维的面料可制造内外衣、家用纺织品、医疗卫生品等产品。

（2）聚对苯二甲酸丙二醇酯纤维（PTT）。聚对苯二甲酸丙二醇酯纤维是壳牌（Shell）公司开发的一种性能优异的聚酯类新型纤维，利用微生物发酵法生产生物质的1,3-丙二醇（1,3-propanediol,PDO）为原料生产生物质PTT纤维。它是由对苯二甲酸（P-phthalic Acid1,PTA）和1,3-丙二醇（PDO）缩聚而成。PTT纤维综合了尼龙的柔软性、腈纶的蓬松性、涤纶的抗污性，加上本身固有的弹性，以及能常温染色等特点，把各种纤维的优良服用性能集于一身，出现了市场摆脱聚酯产品及原料全部依赖石油资源的状态，成为了当前国际上最新开发的热门高分子新材料之一。

（二）常规合成纤维

利用煤、石油、天然气等为原料，经人工合成并经机械加工制成的纤维。合成纤维通常以合成高聚物的单体名称加"聚"来命名。

1. 聚酯纤维

（1）涤纶纤维（PET）。涤纶纤维学名为聚对苯二甲酸乙二酯纤维。该纤维吸湿性差，公定回潮率为0.4%。干、湿状态下，纤维性能变化不大。对酸较稳定，挺括性、抗皱性、保形性好，耐磨性、耐光性、耐虫蛀性均好，但易起毛起球，吸附灰尘。

（2）聚对苯二甲酸丁二酯纤维（PBT）。聚对苯二甲酸丁二酯纤维具有良好的尺寸稳定性和较高的弹性；有优良的染色性能，而且色牢度优良；有很好的耐光性、耐热性、手感柔软、容易卷曲。可适用在弹性类的织物产品中，如游泳衣、体操服、网球服、弹力牛仔服等。也可将PBT纤维用于包芯纱来制作弹力劳动布；它有良好的保暖性，可制成多孔保温絮片，具有可洗、透气、轻薄、舒适等特点；可用于冬装及被褥填充料，还可以作为羊毛的代用品，用于簇绒地毯。

2. 聚酰胺类纤维

聚酰胺类纤维的代表是锦纶，主要用于与棉、毛或其他纤维混纺。吸湿性能在合成纤维中较好。耐碱不耐酸，强度高，伸长能力强，弹性好。强度为4~5.3cN/dtex，伸长率为3%~6%，弹性回复率接近100%。耐磨性和耐疲劳性在合成纤维中最好，但耐光性差，在长时间光照下会发黄，发红，强力下降。一般适用在袜子、围巾、衣料、牙刷鬃丝及地毯等家用品中，也可用于制造轮胎帘子线、绳索、渔网以及用于织制降落伞。

3. 聚丙烯腈纤维

聚丙烯腈纤维即腈纶，又称人造羊毛。强度比涤纶、锦纶低，断裂伸长率为25%~46%，弹性优于黏胶纤维与棉、麻，但比涤纶、锦纶、羊毛差。耐磨性差，耐光性很好，若日晒1000小时，强度损失不超过20%，可加工成毛毡或人造毛皮。具有较好的蓬松性、弹性、保暖性，但其回弹性、卷曲性与羊毛相比有较大的差距。

4. 聚丙烯纤维

聚丙烯纤维即丙纶，它几乎不吸湿，公定回潮率为0%，有独特的吸附作用，耐热性差，但耐湿热较好。有良好的电绝缘性能，加工时易积聚静电，可纺性差、耐光性差、易老化。主要用于运动帆、劳动服的面料。

（三）高性能纤维

高性能纤维主要用于特殊服装、航空、航天、交通运输、过滤材料等。

1. 碳纤维（Carbon Fiber）

碳纤维是以聚丙烯腈纤维、黏胶纤维或沥青纤维为原料，通过加热去碳以外的其他元素，含碳量在95%以上的高强度、高模量纤维。它是一种力学性能优异的纤维，具有对一般的有机溶剂、酸、碱都具有良好的耐腐蚀性，并有耐油、抗辐射、抗放射、吸收有毒气体和减速中子等特性，有很高的化学稳定性和耐高温性能，同时也是高性能增强复合材料中的优良结构材料。

2. 芳香族聚酰胺纤维

芳香族聚酰胺纤维是一类综合性能优异，技术含量和附加值高的特种纤维材料。我国自主研制的是芳砜纶纤维材料与对位（间位）型芳香族聚酰胺纤维，它们具备耐热性和热稳定性，并具有阻燃绝缘、防腐等优良特性。在防护服、耐高温、电气绝缘、蜂窝复合材料等方面有广泛用途。

3. 超高分子量聚乙烯纤维（Ultra High Molecular Weight Polyethylene Fiber）

该纤维是继碳纤维、芳香族聚酰胺纤维后又一种有机高性能纤维。具有高强、高模、质轻等突出特性。在航空航天、交通运输、运动器材、防护用品等方面用途广泛。

（1）聚苯硫醚纤维（Polyphenylene Sulfide Fibre,PPS）。该纤维又称聚对苯硫醚纤维。聚苯硫醚纤维具有优异的阻燃性、耐热性、耐化学腐蚀性和力学性能等。可在酸碱、高温等恶劣环境下长时间使用，成为热电场、垃圾焚烧炉以及水泥厂高温袋式除尘装置的首选材料。

（2）聚酰亚胺纤维（Polyimide,PI）。该纤维指大分子链中含芳酰胺环的一类纤维。该纤维具有突出的耐热及优异的力学性能、电性能、耐辐射性能、耐溶剂性能等，可用作高温粉尘滤材、电绝缘材料、耐高温阻燃防护服、降落伞、蜂窝结构及热耗材料、抗辐射材料、纤维复合材料等。

（3）聚对苯撑苯并双恶唑纤维（P-phenylenebenzobisoxazole,PBO）。该纤维是目前综合性能最好的一种有机纤维。除了可作为耐热和电绝缘材料外，在航空航天、交通、石油、化工等方面也广泛应用。

（4）聚四氟乙烯纤维（PTFE）。该纤维具有高度的化学稳定性和突出的耐化学腐蚀能力，耐热、耐寒，还具有不黏着、不吸水、不燃烧等特点。PTFE在产业纺织品上有较多应用。

（四）无机及金属纤维

无机纤维是以矿物质为原料，经过加热熔融或压延等物理或化学方法制成的纤维。主要品种包括玻璃纤维、石英纤维、硼纤维、玄武岩纤维、陶瓷纤维等。

金属纤维由金属及其合金拉制成的丝状物制成。无机及金属纤维不仅具有良好的耐热性、耐湿性、耐腐蚀性、抗霉性，还具有高强、高模、导热、导电、导磁、不燃等特性。目前，在很多方面获得了应用。

第二节 服装材料用纱线基础

纱线的不同结构和性能，可以让服装面料有不同的视觉效果，从这个意义上讲，纱线是服装面料设计的基础。随着现代纺纱技术的发展，人们可以在此基础上设计出花型各异的纱线结构，也可加工特征、特性风格迥异的纱线。

一、纱线的分类

纱线的种类很多，对纱线进行分类有利于对纱线的性能和特征进行区分，从而更加合理地根据需要进行纱线的选择和应用。常见的分类方法有以下几种。

（一）按纱线的纤维原料分类

纱线按纤维原料可以分为纯纺纱线、混纺纱线、混纤纱线。

1. 纯纺纱线

纯纺纱线是由一种纤维原料构成的纱线。例如，纯棉纱线、纯毛纱线、纯麻纱线、纯腈纶纱线等。

2. 混纺纱线

混纺纱线是由两种或两种以上的纤维混合纺成的纱线。例如，涤纶与棉混纺而成的涤/棉纱线、羊毛和黏胶纤维混纺而成的毛/黏线。它们的命名以混纺的比例按从大到小的顺序依次排列，混纺原料之间用符号"/"隔开。如65%涤纶与35%的棉混纺为涤/棉纱；50%棉、17%涤纶和33%锦纶为棉/锦/涤纱。如纤维比例相同，命名按天然纤维、合成纤维、再生纤维的顺序排列。

3. 混纤纱线

混纤纱线是将两种或两种以上性能或外观有差别的长丝纤维结合在一起形成的纱线。

（二）按纱线中的纤维状态分类

纱线按纤维状态可分为短纤维纱线和长丝纱线。

1. 短纤维纱线

短纤维纱线是用短纤维（一般为35~150mm）经过各种纺纱系统把纤维捻合纺制而成的纱线。纯纺的短纤维纱线有棉纱、毛纱、亚麻纱、绢纺纱等。也可和不同比例的天然纤维或其他纤维混纺制成纱条、织物和毡。短纤维纱线一般结构较疏松、手感较丰满、光泽较柔和，广泛应用于机织面料、针织面料和缝纫线中。天然纤维（除蚕丝外）制成的纱线都为短纤维纱线，化学纤维可按需求进行人工切断。

2. 长丝纱线

长丝纱线是由单根或多根长丝（长度连续不断的纤维。天然长丝只有蚕丝，平均长度为800~1200m，其他各种化学长丝根据需要切断）组成的纱线。由单根长丝组成的长丝纱线称为单丝纱；由多根长丝组成的长丝纱线称为复丝纱。单丝纱多用于制作轻薄、透明的织物，如袜子、头巾等；复丝纱多应用于机织物和针织物中。

（三）按纺纱工艺分类

（1）棉纱按纺纱工艺，可以分为普通棉纱和精梳棉纱。精梳棉纱比普通棉纱在纺纱过程中增加了精梳工序，使得纤维得到进一步的梳理，并去除了短纤维。

（2）毛纱按纺纱工艺，可以分为精纺毛纱和粗纺毛纱。精纺毛纱以较细、较长的优质羊毛为原料，经工序复杂的精梳纺纱系统纺制而成。纱内纤维平行顺直，纱线条干均匀、光洁，纱线细度细，用于加工精纺毛织物。粗纺毛纱是用精纺落毛和较短粗的羊毛为原料，用毛网直接拉条纺成纱。纱内纤维长短不匀，纤维排列不够平行顺直，结构疏松，捻度小，表面毛羽多，纱线细度粗，多用于加工粗纺毛织物。

（四）按纱线结构分类

按纱线结构可以分为单纱、股线、复捻多股线和复杂纱线。

1. 单纱

单纱是由单股纤维束捻合而成的纱线。

2. 股线

股线是由两根或两根以上单纱捻合而成的纱线。

3. 复捻多股线

复捻多股线是由两根或两根以上股线捻合而成的纱线。

4. 复杂纱线

复杂纱线是具有较复杂的结构和独特外观的纱线。例如，花式纱线、包芯纱和包缠纱等。

（五）按纱线的后加工分类

按纱线的后加工可以分为烧毛纱线、丝光纱线、本色纱线、染色纱线和漂白纱线。

1. 烧毛纱线

烧毛纱线是经过烧毛加工的纱线，经过燃烧的气体或电热烧掉纱线表面的毛羽，使纱线变得光洁。

2. 丝光纱线

丝光纱线是经过丝光处理的棉纱线，经过了浓烧碱溶液的处理，光泽和强力都有所改善。

3. 本色纱线

本色纱线，又称原色纱，是未经漂白或染色加工的纱线。

4. 染色纱线

染色纱线是经过煮练和染色加工制成的纱线。

5. 漂白纱线

漂白纱线是经过煮练和漂白加工制成的纱线。

二、纱线的物理特征

（一）纱线的捻度和捻向

短纤维须经过捻合，才能形成具有一定强度、弹性、手感和光泽的纱线。纱线一端握持，另一端绕自身轴线回转，每回转一周，纱条上便得到一个捻回，不断地回转，则使纱条具有一定的捻回数。捻度是指纱线单位长度上的捻回数，棉纱通常以10cm内的捻回数来表示。

纱线的捻向，即纱线加捻的方向。加捻后，纤维自左上方向右下方倾斜的，称为S捻；自右上方向左下方倾斜的，称为Z捻。

（二）纱线细度

细度是纱线最重要的衡量指标。纱线的粗细影响织物的结构、外观和服用性能，如织物的厚度、硬挺度、覆盖性和耐磨性等。

表示纱线粗细的指标可以分为定长制与定重制两种。定长制是指一定长度的纱线（或纤维）所具有的重量，其数值越大表示纱线越粗，定长制指标包括线密度和旦数；定重制是指一定重量的纱线（或纤维）所具有的长度，定重制指标包括公制支数和英制支数，定重制指标的数值越大，所表示的纱线越细。

1. 定长制指标

线密度（Tt）也称特数或号数，是指1000m长的纱线在公定回潮率时的重量克数。线密度的单位为特克斯，符号为tex。1特克斯等于10分特克斯。特数越大，纱线越粗。线密度是目前最常用的表示纱线细度的指标，属于国际单位制单位。

旦数（N_d）也称纤度，是指9000m长的纱线在公定回潮率时的重量克数。多用来表示长丝的粗细，如化纤长丝、蚕丝。旦数的单位为旦（D）或旦尼尔（den）。

2. 定重制指标

公制支数（N_m）是指1克重的纱线在公定回潮率时所具有的长度米数。公制支数的单位为公支。它通常表示棉纤维、毛、麻、绢等纱的粗细，其数值越大表示纤维（纱线）越细。

英制支数（N_e）是指1磅重的纱线在公定回潮率时所具有的某标准长度的倍数。这一标准长度依据纱线的种类而定。如棉和棉型混纺为840码，精梳毛纱为560码，粗梳毛纱为256码，麻纱为300码。英制支数的单位为英支。

三、花式纱线

花式纱线是指通过各种加工方法而获得的具有特殊外观、手感、结构和质地的纱线。花式纱线在形态结构上的变化会引起色彩发生变化。同时，色彩分布的规律性和随机性，均会产生不同的色彩效应。

近年，由于消费者对服装外观美感要求的提高，使得花式纱线日趋流行。目前，花式纱线主要应用于服用机织物、服用针织物、编织物、围巾、帽子等服饰配件以及装饰织物。花式纱线在外观上具有独特的视觉效果，可以将设计作品的艺术性表现得淋漓尽致，没有整齐划一的标准。

常见的花式纱线有环圈状纱线、波浪线、圈圈线、小辫子线、长丝卷曲线、粗节纱线、短纤竹节纱、结子纱、长丝竹节纱、雪花纱、螺旋状纱线、螺旋花线、节子花线、包覆花线、包芯长线等。其他花式线有雪尼尔线、起毛纱线、植绒纱线等。

　　大多数花式线基本上由芯纱、饰纱和固纱三部分组成。芯纱位于纱的中心，是构成花式线强力的主要部分，起骨架作用，是承受强力的主体，它必须具有足够的捻度和强力。一般采用强力好的涤纶、锦纶、丙纶等长丝或者强力好的短纤维纱。饰纱是花式线的外表，常以各种形态缠绕在芯线上，形成花式线的花式效果。根据花式线外观的需要，装饰线可用不同的原料、不同的颜色、不同的加工方法预先制成。固纱用来固定花型，使装饰线稳定地围绕在芯线上，通常采用强力好的细纱，其捻向应与装饰线相反。

　　下面将介绍圈圈线、竹节纱、大肚纱、彩点线、螺旋线、辫子线等常见的花式纱线。

（一）圈圈纱

　　圈圈纱是在花捻机上利用电脑超喂在纱线表面形成毛圈，毛圈可由纤维或纱线构成（图2-13）。圈圈的风格很多，可大可小，可密可疏，可以是单色，亦可以是双色甚至多色，可以是规则的，亦可以是不规则的。纱线表面由纤维形成的毛圈蓬松，纱线具有丰满、柔软的手感，织造的织物具有特殊的外观、良好的弹性与保暖性，较多地应用于冬季女装面料。

图2-13　圈圈纱与圈圈纱织物

（二）竹节纱

　　竹节纱具有粗细分布不均匀的外观（图2-14）。按外形可分为粗细节状竹节纱与疙瘩状竹节纱。

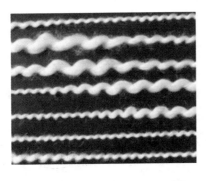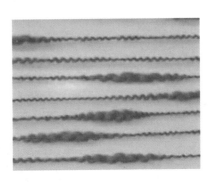

图2-14　竹节纱

（三）大肚纱

大肚纱也具有粗细分布不均匀的外观（图2-15）。大肚纱与竹节纱的主要区别是大肚纱以粗节为主，撑出大肚，且粗细节的长度相差不多；而一般竹节纱的竹节较少，在一米中只有两个左右的竹节，而且很短，所以竹节纱以基纱为主，竹节起点缀作用。大肚纱多采用羊毛和腈纶等毛型长纤维为主体。

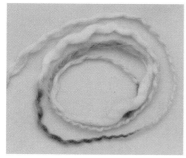

图2-15 大肚纱与大肚纱织物

（四）彩点纱

在纱的表面附着各色彩点子的纱称为彩点纱（图2-16）。有在深色底纱上附着浅色彩点，也有在浅底纱上附着深色彩点。这种彩点一般是用各种短纤维先制成粒子，经染色后在纺纱时加入，不论棉纺设备还是粗梳毛纺设备均可搓制彩色毛粒子。

由于加入了短纤维粒子，所以一般纱纺较粗，在100～250tex之间。其中以粗梳呢绒用得较多，如粗花呢中的钢花呢等，均用彩点纱织造。也有用涤纶短纤维搓成粒子，混在棉纱中，织成布之后在常温下染色。因为涤纶要高温高压分散染料才能上色，所以在织物表面生成满天星似的白点，风格独特。也有在浅色织物中加入深色彩粒子，使织物表面出现绚丽多彩的点子，形成独自具有的一种风格。

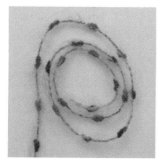

彩点线　　　　　　　　彩点线针织物　　　　　　　　彩点线钢花呢

图2-16

第三节　服装材料用织物基础

织物是由纺织纤维和纱线按照一定方法制成的柔软且有一定力学性能的片状物。服装用织物是组成服装面料、辅料的主要材料。织物的外观与性能特征直接影响到成品的外观与性能。

一、织物的分类

（一）织物按制成方法和原料成分分类

织物按制成方法可以分为机织物、针织物、编织物和非织造布四大类。

织物按原料成分可以分为纯纺织物、混纺织物与交织物。

1. 纯纺织物

纯纺织物指经纬纱都采用同一种纤维纺成纱织成的织物。

2. 混纺织物

混纺织物指两种或两种以上不同种类的纤维混纺的经纬纱线织成的织物。

3. 交织物

交织物是指由不同纤维纺成的经纱和纬纱相互交织而成的织物。

（二）织物按风格分类

织物按风格可以分为棉型织物、毛型织物、丝型织物、麻型织物和中长纤维织物。

1. 棉型织物

棉型织物包括全棉织物、棉型化纤纯纺织物、棉与棉型化纤的混纺织物。棉型化纤的纤维长度、细度均与棉纤维接近。

2. 毛型织物

毛型织物包括全毛织物、毛型化纤纯纺织物、毛与毛型化纤的混纺织物。毛型织物的纤维长度、细度、卷曲等方面均与毛纤维接近。

3. 丝型织物

丝型织物包括蚕丝织物、化纤仿丝绸织物、蚕丝与化纤丝的交织物，丝型织物具有丝绸感。

4. 麻型织物

麻型织物包括纯麻织物、麻与化纤的混纺织物、化纤丝仿麻织物，麻型织物具有粗犷、透爽的麻型感。

5. 中长纤维织物

中长纤维织物是指纤维长度和细度介于棉型和毛型之间的中长化学纤维的混纺织物，具有类似毛织物的风格。

二、织物的结构参数

织物的结构参数包括织物组织、织物内纱线细度、织物密度、织物的幅宽、厚度、重量等。下面主要讲解织物的密度、长度、幅宽、厚度和重量。

（一）织物的密度

机织物的密度是指织物沿纬向或经向单位长度内纱线排列的根数，分别称为经纱密度或纬纱密度。对于相同粗细的纱线和相同的组织，经、纬密度越大，则织物越紧密。而对不同粗细纱线的织物紧密程度作比较时，应采用织物的相对密度来表示。织物的相对密度也称为织物的紧度，它是指织物中纱线的投影面积与织物的全部面积之比。数值越大表示织物紧密程度越大。

在原料和纱线细度一定的条件下，针织物的密度可用针织物的纵、横向密度来表示。针织物密度是指在规定长度内的线圈数。纵向密度用5cm内线圈纵行方向的线圈横列数表示；横向密度用5cm内线圈横列方向的线圈纵行数表示。针织物密度与线圈长度有关，线圈长度越长则针织物的密度越小。密度大的针织物相对厚实，尺寸稳定性好，保暖性也较好。

（二）织物的长度、幅宽、厚度和重量

织物的长度一般用匹来度量。机织物通常根据织物的种类、用途、重量、厚度和卷装容量等因素决定匹长（m）。针织物则根据原料、品种和染整加工要素确定匹重（千克）或者匹长（m）。

机织物的幅宽是沿纬纱方向，量取两侧布边间的距离，常用单位为cm。它是指织物经自然收缩后的实际宽度。针织物的幅宽一般为150~180cm，随产品品种和组织而定。

织物的厚度是指在一定压力下，织物正反面之间的距离，常用单位为mm。织物厚度与织物的保暖性、通透性、成型性、悬垂性、耐磨性及手感、外观风格有密切关系。织物的厚度可以分为薄型、中厚型和厚型三类。

织物的重量通常以每平方克重或每米克重计量，用来描述织物的厚实程度。

三、织物的组织结构

织物的组织结构会影响织物的质地、纹理及服用性能，对于服装设计具有重要的参考与指导作用。

（一）机织物的织物组织

1. 机织物组织的基本概念

机织物组织是指织物中经纬纱相互交错、上下沉浮的规律。

经纱是指机织物中纵向排列的纱线，它与布边平行；纬纱是指机织物中横向排列的纱线，它与布边垂直。

经纱与纬纱的交织点为组织点。凡经纱浮在纬纱之上的组织点称为经组织点或经浮点，反之称为纬组织点或纬浮点（图2-17）。

织物内经组织点和纬组织点的沉浮规律重复出现为一个单元时，该组成单元称为一个组织循环或一个完全组织。构成一个完全组织的经纱数称为组织循环经纱数，用R_j表示；构成一个完全组织的纬纱数称为组织循环纬纱数，用R_w表示。机织物的组织图可以用方格法和分式法来表示。方格法中一般用■、⊠、⊡、▧等表示经组织点，用空白符号□表示纬组织点。

在完全组织中，同一系统相邻两根纱线上，相应的经（纬）组织点间相距的组织点数称为组织点飞数。相邻两根经纱上相应两个组织点间相距的组织点数称为经向组织点飞数，用S_j表示；相邻两根纬纱上相应两个组织点间相距的组织点数称为纬向组织点飞数，用S_w表示。如图2-18所示，经向组织点飞数S_j为3，纬向组织飞数S_w为2。

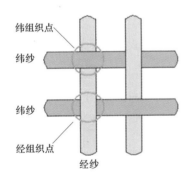

图2-17 织物组织示意图

图2-18 织物组织点飞数

2. 三原组织

在织物组织中最简单的是三原组织，又称基本织物组织。三原组织包含平纹、斜纹、缎纹三种组织。三原组织应具备以下条件：

组织点飞数是常数，每根经纱或纬纱上只有一个经（纬）组织点，其他均为纬（经）组织点，原组织的组织循环经纱数等于组织循环纬纱数。

三原组织是各种织物组织的基础。在三原组织的织物中，在其他条件相同的情况下，由于组织循环中的每根纱线只与另一系统纱线交织一次，因而组织循环纱线数越大，纱线交织间隔距离相对越大，那么织物越松软且不紧密。

（二）针织物的组织结构

针织物的基本单元是线圈。针织物的组织就是线圈的排列、组合与联结的方式。它决定着针织物的外观和性能。

针织物按照生产方式不同分为纬编和经编两种形式。针织物中，线圈沿横向连接的行列称为线圈横列；线圈沿纵向串套的行列称为线圈纵行。

纬编针织物是纱线沿着"纬向"顺序弯曲成圈并相互串套而形成的针织物。线圈由圈柱与圈弧组成，如图2-19、图2-20所示中a、b、c部分为圈弧，ac、bc部分为圈柱。经编针织物是采用一组或几组平行排列的纱线沿"经向"同时在经编机的织针上成圈串套而成。

纬编针织物的基本组织有纬平针组织（图2-19）、罗纹组织（图2-20）、双反面组织（图2-21）；经编针织物的基本组织包括经平组织、经缎组织和编链组织。

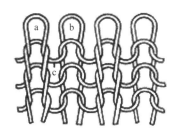

图2-19 纬平针组织

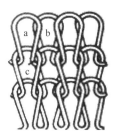

图2-20 罗纹组织

图2-21 双反面组织

针织物组织还可以分为基本组织、变化组织和花色组织三大类。

1. 基本组织

基本组织是由线圈以最简单的方式组合而成。例如，纬平针组织、罗纹组织、双反面组织、经平组织、经缎组织和编链组织。

2. 变化组织

变化组织是在一个基本组织的相邻线圈纵行间配置一个或几个基本组织的线圈纵行而成。例如，双罗纹组织、经绒组织和经斜组织。

3. 花色组织

花色组织是以基本组织或变化组织为基础，利用线圈结构的改变，或编入一些辅助纱线，或其他纺织原料，如添纱、集圈、衬垫、毛圈、提花、波纹、衬经组织等。

四、织物的服用性能

织物的服用性能可以分为穿着耐用性、美观性、热湿舒适性、安全性与穿着的功能性。穿着耐用性、外观美观性主要与纤维的力学性能、耐日晒性能、耐腐蚀性能相关。穿着的热湿舒适性主要与纤维的透气、吸湿、保暖关系密切。

1. 织物的力学性能

织物的力学性能是指织物在使用过程中，受到外力作用时抵抗变形及破坏的能力。受力破坏的最基本形式有拉伸断裂、撕裂、顶裂和磨损。

织物的牢度不仅关系到织物的耐用性，而且与织物的外观美感关系密切。它有一定的长度、宽度和厚度。在不同方向机械性能不同，即机织物从经纬向，针织物从纵横向分别研究织物力学性能。

2. 织物的外观性能

（1）织物的抗皱性。织物在使用过程中会发生塑性弯曲变形，形成折皱。除去引起织物折皱外力后，织物回复到原来状态的能力即是织物的抗皱性。

（2）织物的悬垂性。织物因自身重量而下垂的程度及形态称为织物的悬垂性。良好的悬垂性能可以充分显示服装的轮廓美。

（3）织物的免烫性。又称记忆性，它是指织物经洗涤后无需熨烫或稍加整理即可保持平整形状的性能。

（4）织物的起毛起球性。织物经摩擦后起毛起球的特质。织物起球后，外观明显变差，表面摩擦、抱合性和耐磨性也会有不同的变化。

3. 织物的尺寸稳定性

（1）织物的缩水性。织物经浸、洗、干燥后长度、宽度发生尺寸收缩的性质。它是织物，特别是服装的一项重要质量性能。

（2）织物的热收缩性。合成纤维以及合成纤维为主的混纺织物，受到较高温度作用时发生的尺寸收缩程度称为织物的热收缩性。织物的热收缩性可采用在热水、沸水、干热空气或饱和蒸汽中的收缩率来表示。

4. 织物的热湿舒适性

（1）织物的透气性。气体透过织物的性能称为织物的透气性或通气性。依据我国国家标准，织物的透气性以织物两面在规定的压力差（100Pa）条件下的透气率表示，单位为mm/s或m/s。织物的透气性与织物的热湿舒适性关系密切，寒冷环境中的外衣若透气性小，则保暖效果好。

（2）织物的吸湿性与放湿性。织物吸收气态水分的能力称为织物的吸湿性。织物放出气态水分的能力称为织物的放湿性。吸收或放出水分能力越强，则吸湿性越好。

（3）织物的透湿性。织物的透湿性是指气相水分因织物内外表面存在水汽压差而透过织物的性质。它是一项重要的舒适、卫生性能指标，一般用透湿率来表示。它直接关系到织物排放汗汽的能力，尤其是内衣应该具有好的导湿性。

（4）织物的热传导性。当织物的两个表面存在温度差时，热量会从高的一面向低的一面传递，这就是织物的热传导性。织物导热能力的大小可以用导热系数表示。导热系数越小，表示织物的导热性越低，热绝缘性或保温性越好。织物的热传导性可以用热阻表示，织物的热阻与导热系数成反比。死腔空气（如棉纤维截面中的死腔空气）与静止空气的热传导系数小于纤维的导热系数。

5. 织物的透水性和拒水性

这是一对相反的指标。它们与织物结构、纤维的吸湿性、纤维表面蜡质与油脂等有关。

（1）织物的透水性。是水从织物一面渗透到另一面的性能。水通过织物有以下途径：水分子通过纤维与纤维、纱线与纱线间的毛细管作用通过织物；纤维吸收水分，使水分子通过织物；由于水压力的存在，使水透过织物空隙到达另一面。

（2）织物的拒水性。织物的拒水性是指阻止液态水从织物一面渗透到另一面的性能。它主要受纤维性质、织物结构和后整理工艺的影响。吸湿差的织物、表面存在蜡质与油脂的织物一般具有较好的拒水性；在织物结构方面，织物紧度大的水分不易通过，具有一定的拒水性；在织物的后整理中通过防水整理是获得拒水性的主要途径。

6. 织物的抗静电性

织物静电产生和积累的程度为静电性。合成纤维由于含湿量低、结晶度高等特性，容易产生和积累静电。合成纤维织物上的静电一般可达2000V，最高时可达4000V左右。虽然电流很小，不会对人身产生生命威胁，但会给使用者带来很多不适。

生活中穿着合成纤维织物，因穿着后产生运动摩擦生成和积累静电，当手指接触金属体时，会产生静电现象，与人握手也可能产生电击，晚上脱衣睡觉时有噼啪声，黑暗中还能见到暗黄色火星。

7. 织物的阻燃与抗熔融性

（1）织物的阻燃性。织物中的纺织纤维是否易于燃烧以及在燃烧过程中的燃烧速度、熔融、收缩等现象是纤维的燃烧性能。故提高织物的阻燃性目的是为了安全。当前我国强制要求公共场所使用纺织品及装饰品都必须达到一定的阻燃指标。对儿童服装和某些睡衣、被褥、窗帘等要求有较好的阻燃性。特殊用途的织物，如消防、军用及宇航用织物的阻燃性有特殊的要求。

（2）织物的抗熔融性。是指织物局部接触火星或燃着烟灰时产生熔融现象形成孔洞，抵抗熔融形成孔洞的程度为抗熔融性。织物发生熔融往往难以修复，并使外观变劣，甚至失去使用价值。合成纤维制成的面料用于服装尤为容易产生熔融，因而织物的抗熔融性对消费者来说非常重要。织物抗熔融性实质不单指织物中因纤维而产生的孔洞，它还广义地包括因纤维的分解或燃烧产生的孔洞。

8. 织物的功能性

织物的功能性表现在多个方面。如防辐射、防静电、防螨虫、防水与阻燃性等。常见的有以下两种。

（1）织物的抗紫外线性能。紫外线是一种电磁波，织物与其他物质一样，具有吸收各种电磁波的性能。

服装的紫外线透过率与衣服厚度、面料的纤维成分、组织规格、色泽与花纹有关。衣服越厚，防紫外线性能越好。色泽中，红色是最纯防护色。纤维成分中棉织物是最易透过的面料。羊毛、蚕丝等蛋白纤维分子结构中含芳香族氨基酸，涤纶纤维的苯环结构等对300mm以下的紫外线有很强的吸收性，紫外线透过率很低。

（2）织物的抗菌性。织物的抗菌性是指织物具有抑制菌类生长的功能。主要通过各种抗菌整理来实现。抗菌整理主要是采用对人体无害的抗菌剂，通过化学结合等方法，使抗菌剂能够留存在织物上，经过直接作用或缓慢释放作用达到抑制菌类生长的目的。

五、非织造布

（一）非织造布的定义

非织造布是指直接由纺织纤维、纱线或长丝，经机械或化学加工，使之黏合或结合而成的薄片或毡状、絮状结构物、纤维网等。在我国也称"无纺布""不织布"。

（二）非织造布的特点

非织造布通过采取不同的工艺条件，运用不同的纤维或原料配比，以及不同的纤维成网方式和纤维网固结方式等获得性能各异、厚薄不一、质感多样的产品。它的生产速度快、产量高、产品变化快，原料来源广、品种多。特别是工艺的可变化性使各种加工方法还可相互组合，使得非织造布外观性能、结构、用途多变化性，以适应不同功能、档次服装及服装不同部位的需要。同时非织造布的吸湿性较好，尺寸稳定，有的可生物降解，可洗涤性、强度不如机织物和针织物，穿着耐用性受限。

非织造布的薄型产品每平方米只有十几克，而厚型产品每平方米能达数千克。它们有的柔软得酷似丝绸，有的坚硬得似木板，有的蓬松得似棉絮、有的紧密得似毛毡。这些产品均可通过改变纤维原料、加工工艺和其他后整理技术予以实现，满足使用性能的要求。非织造布还可与其他织物或材料复合得到新产品。

（三）服装用非织造布

1. 衬料

这是非织造布在服装领域应用最多的一类，如热熔衬、肩衬、胸衬、鞋衬、帽衬等。与机织物、针织物相比，非织造布重量轻，易裁剪，布边整齐而不脱散，方便操作。

2. 絮片

非织造絮片的主要作用是保暖，广泛用于秋冬季防寒服装。具有轻暖、可洗涤的优点。如喷胶棉絮、热熔棉絮、太空棉等。

3. 外衣面料

非织造布技术的发展也使其能够用作夹克衫、风衣、西服等外衣及衬衫面料。主要是缝编非织造布。外观与传统纺织品十分相似。如缝编印花布、缝编衬衫料和裤料等。水刺非织造布也有良好的手感和外观，经印染与后整理可用于休闲装和童装。

4. 内衣

以非织造布作面料的内衣主要是一次性男女内裤。原料多为黏胶纤维，以水刺法和纺黏法加工为主。染色、印花后方可使用。

5. 仿皮革料

非织造布多用于生产仿毛皮、仿山羊皮、仿麂皮等。具有良好的透气性、悬垂性、耐磨性与尺寸稳定性。

6. 服装标签

非织造布标签由聚乙烯、聚酰胺等原料制成。质地细密、表面光洁、强度高、裁切后布边不毛不散。

第四节　服装用皮革材料

动物的皮革分为裘皮与革皮两类。经鞣制加工的动物毛皮称"裘皮"，经加工去除动物毛被并鞣制而成的皮板称为"革"或"革皮"，也就是我们常说的"皮革"。

一、天然裘皮

用动物原皮经鞣制加工而成的裘皮是理想的防寒服装材料。它是由皮板和毛被（外毛、绒毛和粗毛组成）构成。它的主要成分是蛋白质。

（一）裘皮的服用性能

皮板密实，保暖性强、保温隔热，御寒能力极强，吸湿透气，防风防水，耐化学性、耐污性出色，非常适合寒冷季节穿着。同时，拥有天然动物自然的光泽、颜色、花纹及毛感，视觉优雅、轻柔温暖、自然舒适、具有高贵气息，是奢侈的天然服装用料。

（二）裘皮的种类

按季节分，可分为春皮、夏皮、秋皮、冬皮，按毛的外形可分为直毛皮、曲毛皮。根据毛皮外观可分为小毛细皮（毛短、细密、柔、轻，富有光泽，属珍贵毛皮。如紫貂皮、水獭皮等）、大毛细皮（毛较长，光泽较好，也属于珍贵毛皮。主要有狐狸皮、水貂皮、貉子皮等）、粗毛皮（粗毛皮是长毛，皮张稍大的中档毛皮，主要指羊、狼、獾、豹、虎类的毛皮等）、杂毛皮（皮质较差的低档毛皮，主要是各种猫、兔等毛皮）。

二、天然皮革

由天然动物毛皮经加工去除毛被并鞣制而成的皮板。珍贵的毛皮通常因经济价值较高而只制裘，不制革，只有失去了制裘价值而皮板又比较紧密的毛皮动物的皮张才用于制革。天然皮革用于制作皮衣、鞋、包、手套及其他服饰配件。

天然皮革以哺乳动物中的有蹄目动物为主，绝大多数为家畜皮，如牛皮、羊皮、猪皮、马皮、驴皮等。野生动物皮有鹿皮、麂皮、黄羊皮等。此外蛇皮、鳄鱼皮、蟒皮也有少量使用，但要符合动物保护条例。

天然皮革按用途可分为服装用革、鞋用革、手套革、箱包革、带子革、家具革、工业用革、体育用革、汽车用革及其他用革。

三、人造皮革

人造皮革是运用纺织复合材料，仿天然皮革外观、质地来制成的服装材料。随着仿制技术和纤维材料的发展，仿皮革产品更加趋于逼真，同时，服用舒适性大为提高。人造皮革质轻，变化性、装饰性强。打理比天然纤维方便，不必防蛀。经特殊涂层处理的还可防水。由于皮张大，尺寸规范、厚薄均匀，与天然皮革相比，更易于裁剪、缝纫。

人造皮革的主要品种有聚氯乙烯人造皮革、聚氨酯合成革，它们均以机织布或针织布为基布（平纹布、帆布、汗布）表面涂敷增塑剂及聚氯乙烯树脂或聚氨酯树脂等辅剂，经相应加工整理而制成。它可染成各种颜色，表面经压花处理可获得多种多样的皮纹效果，仿天然皮革质感明显。人造麂皮，是仿绒面革类人造皮革，服装用人造麂皮采用较细和较短的绒屑来仿麂皮绒，使它绒毛细密，光泽柔和，质地轻便，手感柔软，透湿性良好，外观与天然毛皮十分相像。多用于时装、薄大衣、风衣等。

第五节　服装面料的认知

用作服装面料的织物种类繁多，其性能、手感风格和外观特征各不相同，因此，在衣料选用和缝制加工过程中可依此进行鉴别判断。对服装面料的认知从宏观上要能辨识织物的正反面与经纬向，从微观上要能辨识织物的原料、织物的结构、织物的密度、织物中纱线的细度以及织物的体积重量。

一、面料正反面认知

服装进行制作时，多为织物的正面朝外，反面朝里，但也有为取得不同肌理效果而用反面作为服装正面用布的设计。一般而言，织物的正面质量优于反面。具体如何区分面料正反面，可以通过以下正反面的区别来辨识织物。

（1）织物正面的织纹、花纹、色泽通常清晰美观、立体感强。正面光洁、疵点少（图2-22）。织物的反面与正面相比较视觉效果较弱。

图2-22　织物的正面与反面

（2）凹凸织物正面紧密、细腻，条纹或图案突出，立体感强，反面较粗糙且有较长的浮长线（图2-23）。

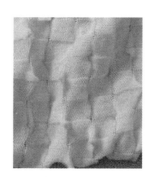

图2-23　凹凸织物的正面与反面

（3）起毛织物中单面起毛者一般正面有绒毛，双面起毛织物则毛绒均匀整齐的一面为正面（图2-24）。

图2-24　起毛织物的正面与反面

（4）印花织物花型清晰的一面为正面（图2-25）。

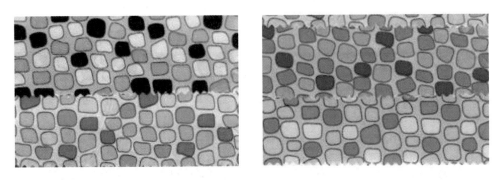

图2-25　印花织物的正面与反面

（5）双层、多层及多重织物的正反面若有区别时，一般正面的原料较佳，密度较大。

（6）毛巾织物的正面毛圈密度大、毛圈质量好。

（7）纱罗织物其纹路清晰，绞经突出的一面为正面（图2-26）。

图2-26　纱罗织物正面与反面（刘希作品）

（8）布边光洁整齐的一面为正面。

（9）具有特殊外观的织物，以其突出风格或绚丽多彩的一面为正面。

（10）少量双面织物，两面均可作正面使用。

二、面料经纬向认知

面料的经纬向通常具有不同的物理性能。一般来说，经向的密度通常大于纬向，经向可以具有一定的悬垂性，而纬向的弹性多优于经向。织物的经纬向影响着服装的美观性、合体性、稳定性与耐用性。因而需要确定织物的经纬向，以保证服装的质量。通常确定织物经纬向的依据有如下几点：

（1）如织物上有布边，则与布边平行的为经纱，与布边垂直的为纬纱。

（2）织物的经纬密度若有差异，则密度大的一般为经纱，密度小的一般为纬纱。

（3）若织物中的纱线捻度不同时，捻度大的多数为经纱，捻度小的为纬纱。当一个方向有强捻纱存在时，则强捻纱为纬纱。

（4）纱罗织物，有绞经的方向为经向。

（5）毛巾织物，以起毛圈纱的方向为经向。

（6）筘痕明显的织物，其筘痕方向为织物经向。

（7）经纬纱如有单纱与股线的区别，一般股线为经纱，单纱为纬纱。

（8）用左右两手的食指与拇指相距1cm沿纱线对准并轻轻拉伸织物，如无一点松动，则为经向；如略有松动，则为纬向。

三、织物原料的鉴别

纤维是构成纺织品最基本的物质，不同的纤维、不同纤维成分的构成比例对织物的耐用性、舒适性、外观等有重要的影响。可以从织物的经向和纬向分别抽出纱线或纤维，选取合适的方法鉴定组成织物的原料。

鉴别纤维的方法主要有手感目测法、燃烧法、显微镜观察法、化学溶解法、药品着色法、熔点法和密度法等。各种方法各有特点，在纤维的鉴别工作中，往往需要综合运用多种方法，才能做出准确的结论。此处仅介绍手感目测法、燃烧法、显微镜法与化学溶解法。

（一）手感目测法

手感目测是指依据眼睛观察纤维的外观形态、色泽，手摸纤维或织物的手感、伸长、强度等特征来进行纤维的判别。天然纤维中棉、麻、毛均属于短纤维，长度整齐度较差。棉纤维细、短而手感柔软，并附有各种杂质和疵点；麻纤维手感粗硬，常因胶质而聚成小束；羊毛纤维柔软，具有天然卷曲而富有弹性；丝纤维细而长，具有特殊的光泽；化学纤维的长度一般较整齐，光泽不如蚕丝柔和。

手感目测法不需任何测量仪器，简便、经济，但这种鉴别方法又具有一定的局限性，一方面该方法需要丰富的实践经验，另一方面该方法难以鉴别化学纤维中的具体品种。

（二）燃烧法

燃烧法是利用各种纤维的不同化学组成和燃烧特征来粗略地鉴别纤维种类。鉴别方法是用镊子夹住一小束纤维，慢慢移近火焰。仔细观察纤维接近火焰时、在火焰中以及离开火焰时，烟的颜色、燃烧的速度、燃烧后灰烬的特征以及燃烧时的气味来进行判别，表2-6所示为常见纤维的燃烧特征。

表2-6　常见纤维的燃烧特征

纤维名称	接近火焰	在火焰中	离开火焰后	燃烧后残渣形态	燃烧时气味
棉、麻、黏胶纤维、富强纤维	不熔不缩	迅速燃烧	继续燃烧	少量灰白色的灰烬	烧纸味
羊毛、蚕丝	收缩	渐渐燃烧	不易延烧	松脆黑色块状物	烧毛发臭味
涤纶	收缩、熔融	先熔后燃烧，且有熔液滴下	能燃烧	玻璃状黑褐色硬球	特殊芳香味
锦纶	收缩、熔融	先熔后燃烧，且有熔液滴下	能延烧	玻璃状黑褐色硬球	氨臭味
腈纶	收缩、微熔发焦	熔融燃烧，有发光小火花	继续燃烧	松脆黑色硬块	有辣味
维纶	收缩、熔融	燃烧	继续燃烧	松脆黑色硬块	特殊甜味
丙纶	缓慢收缩	熔融燃烧	继续燃烧	硬黄褐色球	轻微沥青味
氯纶	收缩	熔融燃烧，有大量黑烟	不能延烧	松脆黑色硬块	有氯化氢臭味

　　燃烧法是一种常用的鉴别方法，它操作简单，但这种方法只适用于单一成分的纤维、纱线和织物的鉴别。不能鉴别混纺产品、包芯纱产品以及经过防火、阻燃或其他整理的产品。

（三）显微镜观察法

　　借助显微镜观察纤维的纵向外形和截面形态特征，对照纤维的标准显微照片和资料（表2-5）可以正确地区分天然纤维和化学纤维。这种方法适用于纯纺、混纺和交织产品。

（四）溶解法

　　化学溶解法是利用各种纤维在不同的化学溶剂中的溶解性能来鉴别纤维的方法。这种方法适用于各种纺织材料，包括染色的和混合成分的纤维、纱线和织物。

　　鉴别时，对于纯纺织物，只要把一定浓度的溶剂注入盛有鉴别纤维的试管中，然后观察纤维在溶液中的溶解情况，如溶解、微溶解、部分溶解、不溶解等。并仔细记录溶解温度（常温溶解、加热溶解、煮沸溶解）。对于混纺织物，则需先把织物分解为纤维，然后放在凹面载玻片中，一边用溶液溶解，一边在显微镜下观察，从中观察两种纤维的溶解情况，以确定纤维种类。

　　溶剂的浓度和温度对纤维溶解性能有较明显的影响，因此，在用溶解法鉴别纤维时，应严格控制溶剂的浓度和溶解时的温度。各种纤维的溶解性如表2-7所示。

表2-7 各种纤维的溶解性能

纤维种类	37%盐酸 24℃	75%硫酸 24℃	5%氢氧化 钠煮沸	85%甲酸 24℃	冰醋酸 24℃	间甲酚 24℃	二甲基甲 酰胺24℃	二甲苯 24℃
棉	I	S	I	I	I	I	I	I
羊毛	I	I	S	I	I	I	I	I
蚕丝	S	S	S	I	I	I	I	I
麻	I	S	I	I	I	I	I	I
黏胶纤维	S	S	I	I	I	I	I	I
醋酯纤维	S	S	P	S	S	S	S	I
涤纶	I	I	I	I	I	S（93℃）	I	I
锦纶	S	S	I	S	I	S	I	I
腈纶	I	SS	I	I	I	I	S（93℃）	I
维纶	S	S	I	S	I	S	I	I
丙纶	I	I	I	I	I	I	I	S
氯纶	I	I	I	I	I	I	S（93℃）	I

注：S—溶解；SS—微溶；P—部分溶解；I—不溶解。

此外，鉴别纤维的方法还有双折射法、密度法、X射线衍射法、含氯含氮呈色反应法、对照法等。

思考与练习

1．纤维、纱线、织物组织结构如何影响面料以至服装的外观与性能？

2．如何鉴别面料的正反面、经纬向与原料？

3．思考花式纱线的外观与所塑造的服装外观的关系。

应用理论——

服装面料的基础设计

课题名称：服装面料的基础设计

学习目的：通过本章的学习，要求学生对机织面料、针织面料有
基本的了解；掌握机织、针织两种不同工艺生产的面
料的外观特点，并能进行鉴别；掌握组织结构对面料
外观的影响；把握织物保形性、悬垂性与面料外观的
关系；掌握色彩、图案对面料外观及面料服用性能设
计的基本原理。

本章重点：本章重点为织物色彩、图案设计；纤维原料、纱线结
构、织物组织结构的构建。

课时参考：48课时

第三章　服装面料的基础设计

第一节　服装面料的外观设计基础

服装面料的外观决定了服装视觉风格，因此，运用各种题材的图案元素，根据服装不同的造型需要设计图纹，并结合面料色彩，整体设计出面料的外观，并使外观设计后的服装面料具备艺术特点，这是服装设计一个重要环节。

一、服装面料的纹样设计

（一）面料纹样设计的组织形式

面料纹样的设计是根据不同的题材和构图方式，遵循一定的组织形式来表现。常见的有以下几种。

1. 独立组织形式

独立组织形式的纹样亦称独幅纹样，是指造型完整的独幅类构图纹样（图3-1）。其形式多样，可繁可简，可工整可活泼。具体有：

（1）一主四宾式（图3-2）。一主四宾式构图是独立组织形式纹样中最为常见的形式。纹样画面的中央主体部位放置主花纹样，四个角配置大小适当的纹样作"呼应"。四个边角的纹样可以是对称相同的纹样，也可为形态各异的四种纹样。这种构图整体平实稳定、中心突出，俗称为"四菜一汤"式。

图3-1　中心对称式独幅图案

图3-2　一主四宾式独幅图案

（2）散点式（图3-3）。散点式构图，通常以两至七个散点纹样装饰画面。其特点是：不突出中心部位的点，不突出主体纹样。布局自由、灵活，形式活泼多样，自然随意，画面没有明显的视觉中心。

（3）多中心式（图3-4）。多中心式构图有主宾之分，纹样有多个中心，一般为两至四个不等，主宾关系的处理和一主四宾式构图类似。多中心式是散点式和宾主式相结合运用的形式，画面中的多组大小纹样之间既能对比，也起到相互呼应的作用。

（4）子母式（图3-5）。子母式构图是在矩形或方形纹样画面的对角方向，安排一大一小两组纹样，在图案布局上形成轻与重、主与次、多与少的对比关系。

（5）对称式（图3-6）。对称式构图，可分为中心对称和轴对称，整幅纹样画面布局由两个、四个或多个相同的纹样部分组成。这类构图具有安定、均衡的形式美感。

图3-3　散点式　　　图3-4　多中心式　　　图3-5　子母式　　　图3-6　对称式

独立组织形式纹样在服装面料设计中，常应用于特定的部位，例如，服装的衣领、口袋、衣身的某部位以及围巾、包袋等服饰配件上，其图案主要表现花草、植物、风景等题材。因此，在服饰整体设计中，独立组织形式的纹样能起强调、点缀的作用，能达到引人注目的效果。

2. 连续组织形式

连续组织形式是指花纹以重复出现的方式大面积平铺排列，表现形式为二方连续式、四方连续式。其主要特点是连续性强。

（1）二方连续式纹样。在独幅组织纹样的构图中，运用二方连续纹样将织物四周的边缘部分用线条形的装饰，上下、左右的方向，反复连续排列成带状二方连续纹样。它主要有以下几种。

① 散点式（图3-7）：把一个或几个装饰元素组成的基本单位纹样，按照一定的空间、大小、距离、方向进行分散式的点状连续排列，这种构图形式称为散点式。

②波浪式（图3-8）：把单位纹样按一定的空间、距离、方向安排，并按规则的、波浪状排列构图。波浪式是二方连续纹样设计中较常用的构图形式。它具有韵律优美、节奏自然的特点。中国历代传统图案中的二方连续纹样都采用了波浪式构图。

图3-7　散点式二方连续纹样

图3-8　波浪式二方连续纹样

③折线式（图3-9）：将波浪式构图的骨格由曲线变为直线时，其构图方式也就转化为了折线式。折线式构图和波浪式构图相比，折线式二方连续纹样显得较硬朗、坚定。

图3-9　折线式二方连续纹样

④连环式（图3-10）：把圆形、涡旋形、椭圆形等基本形状作连环状排列，再在骨格的空间内饰以适当的纹样，进行不断地重复、连续，形成环环相扣的二方连续纹样，它是具有一定的韵律感的连环式构图。

图3-10　连环式二方连续纹样

⑤综合式（图3-11）：用两种以上的骨格组合构成的二方连续纹样构图称为综合式。这类构图形式通常以一种骨格为主，其他骨格为辅，以达到主题突出、层次鲜明、构图丰富的目的。

图3-11　综合式二方连续纹样

在二方连续纹样的设计中，骨格的组织结构非常重要。因为以骨格的设计和选择确定的纹样，就确定了构图的节奏和韵律，这能在设计中恰当地表达自己的意图。在常用的骨格设计中，强调韵律感的纹样通常用流畅的弧线骨格比较适合；强调节奏感的纹样则多用点式骨格来表达。

（2）边缘连续纹样（图3-12）。边缘连续纹样是与二方连续相类似的纹样形式，主要表现为首尾相接，图形是呈圆环状或方环状的边缘纹样，在连续的过程中有一个用于转折方向的角纹装饰，角饰纹样造型和连续纹样部分有些不同，但在风格处理上则要求一致。

图3-12　边缘连续纹样

（3）四方连续纹样（图3-13）。四方连续纹样的骨格构成主要有散点式、连缀式、重叠式三种类型。

图3-13　四方连接纹样

①散点式：散点式骨格排列是染织纹样中最常用的构图方式，分为规则定位散点排列和不规则自由散点排列两类。

规则散点排列是根据定点、定位的排列骨格来确定纹样的位置和方向，使纹样在画面上的分布既均匀而又不产生明显的横、直、斜档等排列上的问题（图3-14）。但因为规则散点排列是有规律性的排列，如若处理不当，容易产生呆板、单调的弊病。而不规则自由散点排列，选位随意、自然，章法自由、灵活，不拘点数，伸缩性大（图3-15）。它的排图方式一般以平衡、匀称为原则，它是染织纹样设计中最富特点的构图排列方式之一。

图3-14　规则散点式四方连续图案　　　　　图3-15　不规则自由散点式四方连续图案

常用的定点、定位排列又叫点网法排列，这种散点排列定位有三种方法，即平接散点定位法、跳接散点定位法和斜格定位法。

散点自由排列又有以下几种方法：

破格法（图3-16）。以定点、定位的排列为基础，通过移位、增点破格、扩大或缩小点位的面积等方法，使原来的规则排列出现新的变化因素。这种排列方法的意图是要打破定点和定位匀、平、板的弱点，使画面活跃、丰富起来。

平布法（图3-17）。以大体均匀的距离而又不拘点数进行多点排列，是中、小花型印花面料纹样设计中常用的排列方法，这种方法具有画面平稳、均匀、丰满、美观的特点。

展开法（图3-18）。由一枝、　束、　组纹样的形式向单元外展开而成四方连续纹样。此种排列法是一个散点破格排列的发展和独立表现，特点是花型较大，纹样舒展连续、生动自然，在装饰布等大幅面的纺织品纹样设计中运用较多。

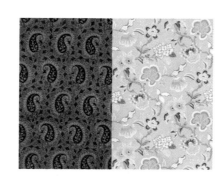

图3-16　破格法　　　　　　　　图3-17　平布法　　　　　　　　图3-18　展开法

重叠法（图3-19）。在一种类型的纹样之上或空隙处叠加排列其他纹样，或者同一类型的纹样彼此叠压、排列。这种排列法的表现为满地铺花的形式，层次丰富而变化多样，有着极强的表现力。在设计时要对色彩和纹样作全面、细致的考虑，使花与花、色与色之间相互呼应，突出主体花纹样，使整体色调和谐。

小花大排法（图3-20）。将小花型密集排列而组成较大的花集，形成一定的大律动排列，远观其大势，气韵生动，近观则细巧耐看。

图3-19　重叠法　　　　　　　　　　　图3-20　小花大排法

②连缀式（图3-21）：连缀排列是以一个或多个装饰元素组成的基本单位纹样，以几何形曲线为排列骨格，纹样相互连接或穿插，形成连绵不断、有扩展之感的构成形式。这

种形式的纹样连续性较强，具有明显的装饰效果，是唐宋时期传统的织锦缠枝花纹样中常用的组织形式。

表现连缀式具体有下列几种基本形式：

波浪式（图3-22）。在波浪式排列的骨格内，进行装饰连缀而构成的四方连续纹样。

转换式（图3-23）。把同一个单位形状的装饰纹样作倒置或更多方向的转换排列，并使之连缀而构成四方连续纹样的形式。

图3-21　连缀式　　　　　　　图3-22　波浪式　　　　　　　图3-23　转换式

菱形式（图3-24）。把一个单位花型按菱形的骨格进行连缀排列所构成的四方连续纹样。

错位式（图3-25）。把一个单位的装饰纹样作叠砖式的彼此错位的排列连缀而构成的四方连续纹样。

③重叠式（图3-26）在纹样构成排列中，由两种以上不同的纹样重叠排列构成的多层次四方连续纹样称为重叠式。通常是一类纹样上重叠另一类纹样，其中底下一层多表现为底纹，叠加在底纹上面的为浮花或浮纹，底纹多采用装饰性强的纹样，以起到衬托浮花的作用。浮花通常用散点式排列，并"饰演"着主花的角色。重叠式的构成排列要求层次清晰、主次分明。

图3-24　菱形式　　　　　　　图3-25　错位式　　　　　　　图3-26　重叠式

（二）面料纹样的风格特征

1. 印花工艺对面料纹样风格的影响

（1）按工艺分类，印化可分为直接印花、拔染出纹样、防染印花、金银粉印花、涂料印花、仿真印花等。

①直接印花（图3-27）：是用金属印花筒或筛网印花网把色浆直接印在白色织物或浅色织物上的一种印花工艺。因为具有工艺简单、成本低廉的特点，并且适用于各类染料，故而被广泛应用于各类织物印花。

②拔染出纹样（图3-28）：是在织物上先染色，然后再拔去图案纹样颜色的一种工艺。拔染的色浆中含有一种能去除地色或图案纹样染料，使色浆所到之处的颜色被破坏消解，再经洗涤除去织物上的浆料和染料，纹样便呈现出来，图中这种使拔染部分获得白色纹样的方法，称为拔白染。如果在拔染色浆中含有某种不被拔染剂破坏的染料，从而在破坏地色染料的同时，又染上另一种颜色，这种使拔染部分获得有色纹样的方法称之为色拔染。这种拔染工艺首先是拔掉已染好的地色，事先印染好的图案纹样就显现出来。这样拔染的纹样丰满饱和、颜色均匀、轮廓清晰、图案细致、色彩鲜艳。但工艺周期较长，成本较高。

图3-27　纯棉帆布直接印花

图3-28　牛仔布拔染印花

③防染印花（图3-29）：是在未经染色的织物上先印花，后染地色的一种印花工艺。印花色浆中含有能阻止或破坏地色染料上染的防染剂，印花处地色染料不能上染织物。防染印花也分为防白和防色两种。防染印花得到的花纹通常不及拔染印花的精细，但适用于防染印花的地色染料品种比拔染印花的多。

④金银粉印花（图3-30）：是把铜锌合金粉或铝粉与涂料印花黏合剂等混合调配成金银粉印花浆。并印制在织物上，通过黏合剂使金银粉黏着在织物的表面形成的印花工艺。金银色的加入使得印花纹样的表现力更强，织物呈现出光彩夺目的金银光感效果。

图3-29　防染印花

图3-30　金银粉印花

⑤涂料印花（图3-31）：是使用涂料通过黏合剂把颜色固定于纤维上的一种印花方法。它不同于染料，不会与纤维结合。涂料印花色浆印到织物上之后，经高温处理，能形成具有一定弹性和耐磨性的薄膜。涂料印花工艺简单，生产流程短，适应于各种纤维织物。

⑥仿真印花（图3-32）：是指具有逼真感的花型印制在织物上。具体是将各种动物的毛皮或植物的茎、叶印制在织物上。它是将美术图案设计和印花工艺技术完美结合的产物。

图3-31　涂料印花

图3-32　仿真印花

（2）按设备分类，印花可分为如下几种。

①滚筒印花：是用铜质凹纹印花承压滚筒、花筒在织物上印花的一种工艺。在印花承压滚筒的圆周上能安装多只花筒的印花机称之为套色印花机。

滚筒印花印出的纹样轮廓清晰、地色丰满，有较高的生产效率和较低的成本。常用的印花机为4套色、6套色或8套色，最多为12套色。

②筛网印花：又可分为平网印花和圆网印花两种。

印花的筛网主要通过感光制版，使有花纹处的网眼漏空，无花纹处的网眼封闭。印花时，色浆透过网眼而印制到织物上。筛网印花印出的纹样，色泽浓艳且印制时织物承受的张力小，特别适宜针织、丝绸、化纤等织物的印花。其缺点是印花速度较滚筒印花慢，比较适宜小批量、多花色印花的生产。

平网印花是用手工刮印，所用设备称为手工平网印花机或台板印花机。套色种数一般在8～24套色之间。圆网印花的花版是用无接缝圆筒筛网，印花时圆网在织物上面固定位置旋转，印花织物通过宽橡胶带被输送到不断运动中的圆网花筒下面，色浆通过圆网内部刮浆刀的挤压而透过网眼印到织物上。

③转移印花：转移印花改变了传统的印花工艺，它是将合适的染料或涂料通过印刷或印花的方式，在特种纸上印制所需的图案，并制成转移印花纸。然后将此转印纸的图案通过热和压力或者压力和溶剂的作用，将纸上的图案转印到织物上。

④ 数码印花：主要是数码喷射印花。即通过计算机把纹样经分色软件编辑处理后，由计算机直接控制，将染料喷射至被印纺织品上来完成印花工作。数码印花技术，随着计算机技术不断发展而逐渐形成的一种集机械、计算机电子信息技术为一体的高新技术产品，它最早出现于20世纪90年代中期。目前这项技术在不断更新，不断完善。此方法流程简单，工艺自动化程度高，无需制网，这种印花方法具有个性化、快速反应、小批量加工等特点，并可减少污染。

2. **纹样题材、纹样风格在面料的运用表现**

（1）以花卉、植物为主题（图3-33～图3-35）。在面料纹样的设计中，主题以花卉和其他植物为多，尤其用在多姿多彩的印花织物上。此类主题的纹样历史悠久，产生于公元前，根据地域的地理环境、气候不同就有不同纹样的要素。如埃及、古代波斯、印度、中国的纹样以植物为主题的有睡莲、棕榈、菩提树、唐草、宝相花、唐花、牡丹、莲花、菊花、玫瑰花等。

具有代表性的花卉、植物类纹样有玫瑰花图案、郁金香图案、喇叭花图案等。此类纹样不仅适宜做服装，也被建筑、工艺品等领域广泛使用。

图3-33　花卉印花图案1

图3-34　花卉印花图案2

图3-35 花卉印花图案3（凌雅丽作品）

（2）以民族、民俗为主题（图3-36～图3-38）。以世界各地区、各民族的传统图案作为面料花纹的基础，设计具有异域风情的纹样，备受人们青睐。

以民族、民俗为主题的纹样，不但展现了繁荣的染织史，而且形成了纹样设计的新潮流，并能直接表现极具民族风格的服装外貌。因此，近年来在服装界流行着东方的、复古的潮流，同时以东西方传统纹样表现的面料图案也深受欢迎。

典型的民族纹样有佩兹利涡旋纹样、夏威夷印花纹样、美洲印第安图案、印度印花、爪哇蜡染印花、东方风格图案和中国蓝印花布、扎染图案等。

图3-36 俄罗斯民族图案

图3-37 佩兹利纹样

图3-38 圣诞主题图案

（3）抽象、几何形为主题。几何纹样最早源于彩陶及原始器物上的纹样。其最具代表性的是点、线、十字、角、矩形、乳纹、直弧、三角、山形、文字、货币及蕨类等。亦有天文地理方面图像化的日、月、星、山、火和雷纹、云纹等纹样。许多极端抽象化的几何纹样，使人感到神秘而原始。我们将它们借鉴应用到面料花纹的设计中，会产生脱离具象的梦幻感。在运用几何形为主题的设计中，我们会更加注重面料花样的色彩设计（图3-39）。现下，现代艺术与未来艺术作品中的抽象图纹也被广泛应用。

（4）以动物、兽皮纹为主题。以动物的外形特征及动物、野兽表皮纹理作为素材而设计的纹样运用在服饰中，充满了现代时髦感（图3-40）。时尚、随意和个性化是此类花纹的主要特点。同时对比强烈的斑斓色彩，配合模仿自然的图纹，能使人产生奇特的视觉感受。典型的动物纹样有鸟羽纹、蛇纹、虎纹、斑马纹等。

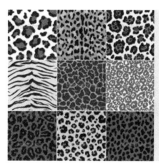

图3-39　抽象几何纹样　　　　　　　　　　图3-40　兽皮纹样、动物主题图案

（5）儿童、卡通图案为主题。千姿百态的卡通形象的图案，常用于儿童的服装纹饰中（图3-41）。典型的图案有米老鼠、兔八哥、加菲猫等，这些可爱的动物形象在卡通片中的精彩呈现，已征服了世界各地的观众，尤其深受儿童的喜爱。根据儿童及少年的心理特征，卡通形象纹样成为了童装面料纹样的重要组成部分。另外，常采用动物、花草、房屋、车船等题材，设计成连续形式的小花型图纹，以适应儿童服装的款式设计和尺寸的要求。色彩方面往往采用鲜艳和有跳跃感的高彩度色、荧光色及粉彩色等。

图3-41　卡通图案

3. 表现织花纹样特点的要求

织花纹样是染织艺术织花门类中具有代表性的品种。其历史悠久、工艺精湛，具有独特的艺术风格，其以工整、精细见长，尤其是其纹样以精致高贵、古色古香、花色华丽而著称于世，深受消费者的喜爱。具体特点表现要求：

（1）结构严谨。织物纹样无论是写实还是写意，是虚幻还是具象，最终所有花纹都要通过织物经纬交织的纱线来体现。所以织花纹样的各色纹样都要求脉络清晰，绘制到位，不能随意涂画。

（2）层次分明。织物纹样的色彩有限，技法也受到工艺的制约，画面的层次不多，所以花纹和地纹的处理必须要分明，套色也要清楚，表达不能含糊不清。

（3）花型丰满。作为写实花卉纹样，无论大、中、小花，造型都要饱满，大体呈球形，花瓣则要表现得圆润、柔和，以选择花的正侧面形象为佳。设计时一般在平涂的基础上辅以撇丝、枯笔、泥点、晕染等技法，形成有一定体积感、有如浅浮雕般的效果。

4. 织花纹样的种类

织花织物的品种丰富多样，常见的、有代表性的丝绸花织物有以下几种。

（1）花软缎。花软缎是我国传统的丝织品种软缎的一种，它是由真丝为经线与有光人造丝、为纬线交织的提花织物（图3-42）。织物染色后，由于真丝和人造丝是不同纤维，对染料的亲和力不同，上染率不同，所以蚕丝与人造丝（花与地）会呈现两种不同的色彩，呈现出相异的明度。花软缎是一组经与二组纬交织的纬二重纹织物，单位纹幅180mm，人造丝起纬花，地为真丝缎纹，一纬起花时，另一纬在背面补以平纹，地部为八枚经面缎面，质地轻薄、手感柔软、缎面光亮。图案纹样多以清、混地散点平接版的单色四方连续纹样为主。因为是单色纹样，为避免较大块面的花纹在视觉上产生呆板的感觉和太长的浮丝，可用撇丝、泥点、冰纹等表现形式补之。

图3-42　花软缎

（2）织锦缎。织锦缎也是我国传统的丝绸织物，有较强的民族特色（图3-43）。

织锦缎种类较多，有经纬全是蚕丝的真丝织锦缎，也有经纬全部是人造丝的织锦缎，以及以蚕丝为经、人造丝为纬交织织锦缎，以蚕丝为经，人造丝和多银线为纬的银人造丝织锦缎等。

织锦缎缎纹光亮，色彩典雅柔和，构图上通常作散点排列。两个散点和四个散点的纹样可组织成两大两小处理。六个散点的纹样可作两大四小或四大两小处理。另有小花型满地八个散点的构图形式。

图3-43　织锦缎

①织锦缎的组织结构：织锦缎是纬三重纹织物，幅宽180mm，（下面以甲、乙、丙来表示纬纹三重）纹样的甲纬纹，既起花又与经交织作地，乙丙两纬专用来起花（用纬线做纬面缎纹叫起花）。地部为八枚经面缎纹（经面缎纹用经向飞数来表示，纬面缎纹则用纬向飞数来表示。缎纹织物以五枚和八枚缎最为常见）。织锦缎是丝绸织花中的多色品种，有常抛和彩抛的区别。以纬三重组织为基础组织的织锦缎，两色纬纱颜色不变，为常抛。另一可变色纬纱为彩抛，按花位置分段换色，从而使该织物不但立体感强而且色彩丰富。常抛时，甲、乙、丙三纬始终不换色，为了保持地色的纯粹，通常甲纬选用与经丝相近的色彩，乙、丙二梭可自由配色，一般多选择比地色鲜明的配色。在彩抛工艺中，甲、乙、丙三梭始终不换色作常抛，丙纬纱可换色作彩抛，三五种色彩轮流更换，有丰富画面色彩的作用。彩抛色一般都是画面中最鲜艳的点缀色，用于需要强调、突出的小局部（图3-44）。在设计纹样时，每一种彩抛色都必须严格控制在一处横条范围内，不可交叉使用，并且要用甲、乙纬纱将彩抛色隔开，使之不产生色档。

图3-44　彩抛织锦缎

②织锦缎的色彩：织锦缎的色彩几乎不受流行色的影响，在色彩的处理上自成体系，以我国传统的习惯用色为主，以体现独特的民族特色。其朴素典雅、富丽华贵、文静大方等风格都可一一展现，其中大红、深红、深棕、藏青、豆绿、豆灰、金银、黑白等都是织锦缎常用的色彩。

③织锦缎的图案题材：

花卉类。水仙、牡丹、葡萄、月季、梅兰竹菊、唐草以及宋瓷明锦中的各种装饰性的花卉纹样，其中尤以梅、兰、竹、菊最常见。

动物类。团龙舞凤、游鱼飞蝶、麒麟瑞象、天马雄狮等，以装饰性的表现图案为主。

博古类。琴棋书画、八宝、杂宝、乐器、古钱、瓷器、吉金、行云流水、百结、窗格纹等。

文字类。以福、禄、寿、喜等汉字为装饰纹样，表达人们的美好向往和祝愿，多以篆书表现。

人物故事类。以流传较广的民间故事、传说为内容，多以人物、风景相结合组成画面，多表现得古色古香，富有诗情画意。

（3）古香缎。古香缎也是我国传统的丝织品种，在国际上有一定影响。它是由真丝为经线、有光人造丝为纬线交织的提花织物，与织锦缎一样都是富有民族特色的丝织物（图3-45）。

古香缎是一组经与三组纬交织的纬三重纹织物。纹样部分由甲、乙、丙三纬起花，丙纬多"彩抛"（图3-46），地色部分为甲、乙二纬与经织成八枚经面缎地。古香缎因纬线较疏松，不如织锦缎的缎地精致细密，地色部分甚至能隐约显出甲、乙两纬的闪点，因而影响了缎纹地的纯度。古香缎通常采用泥点的烟云、流水等作地纹连接各部分纹样，同时也起到适当掩盖地组织松散的作用。

图3-45　古香缎

图3-46　彩抛古香缎

根据纹样题材的不同，古香缎可分为风景古香缎和花卉古香缎两类。风景古香缎多以山、水、树、木、亭、台、楼、阁等为主题的图案，并可适当地点缀人物；花卉古香缎以花、鸟、鱼、虫等为题材的图案，也可根据需要，适当点缀其他元素。有些纹样设计还可以有故事情节，并具有较强烈的民族特色。当然，也可以设计一些其他地域民族风格特点的纹样。

二、服装面料的肌理设计

1. 肌理特性

肌理是物体表面的组织纹理结构，即各种纵横交错、高低不平、粗糙平滑的纹理变化。所以说肌理是呈现在物质表面的一种视觉形态，是材料所具有的独特的、强烈的视觉语言。不同材料的表现能产生不同肌理效果的视觉形态，运用粗犷的肌理表现棕麻材料，形成强烈奔放的艺术风格；运用密集细腻的织纹来表现细软的毛纤维的含蓄朦胧的视觉感受；以轻盈光洁的化纤材料追求材质紧密与松散的肌理效应，表现纯粹抽象的视觉美感（图3-47～图3-51）。总之，纤维材料独特的材质肌理，能让人感受到视觉上的扩张力、触觉上的引诱力和艺术上的感染力。

图3-47　毛纤维形成的肌理1

图3-48　毛纤维形成的肌理2

图3-49　化纤材料形成的肌理1

图3-50　化纤材料形成的肌理2

图3-51　综合材料形成的肌理

2. 肌理的表现语言

肌理是面料基本表现语言之一。不同属性的材料在组成整体时，各部分进行着人为的组织搭配，由此呈现在物体表面的一种视觉状态被称作结构肌理。这种人工所致的具有张力关系的结构肌理，是面料设计的基本表现语言之一。

结构体现的肌理的表现语言，包括以经纬结构呈现的编织肌理与以自由结构表现的创造性肌理两大类。

（1）以经纬结构表现的编织肌理。经纬结构的编织肌理是表现传统纤维艺术的基本语言。织物的肌理产生于不同组织结构的经纬交织。织物的结构是经线和纬线在织物中相互交叉的空间关系，具有上下交叉的立体因素。

不同的织物结构与织物组织"表达"着材质在经纬交织间的物理性的张力关系，同时也决定着织物外观所呈现出的诸如软硬、疏密、松紧、厚薄等的肌理特征。例如，平纹组织由两根经线和两根纬线一上一下相互交织成一个单位组织循环。它的特征是经纬交织点排列紧密，形成有序的点的构成，产生平整、匀细的肌理。斜纹组织需要三根经、纬线方可组成一个组织循环，它的特征是在织物表面呈现出由经纬浮点组成的斜纹线，形成或左或右的线的构成，产生紧密、厚实的肌理。缎纹组织由于密集的浮长线遮盖了分面不多的交织点，因而形成了面的构成特征，产生厚实、柔软、富有光泽的肌理。

在三原组织基础上产生变化，会产生由不同的点、线、面构成的变化肌理，而由三原组织的组合变化形成的各种联合组织，则又可产生更丰富多样的构成肌理。可见，编织本身就是一种图案，它的经纬就是构成要素，不同的组织结构就是各类构成的形式法则，而构成的织物肌理就是有秩序的视觉形态了。不断变化的组织结构与不断更新的材料质地更能带来层出不穷的肌理表现。即使是由同一种材料编织同一种造型，如果采用不同的组织结构也会产生具有不同个性的肌理特征（图3-52）。

图3-52　以经纬结构表现的编织肌理

传统的面料对经纬结构的张力把握一直是均衡不变的，因而它的肌理始终是匀密细腻的，大多以平织表现精致复杂的图地关系。而现代面料在上下交叉、左右交织的组织结构中终于突破了均衡的张力，在设计编织原理的基础上进行灵活变化，主动、自由地表现着材料的特性，便有了创造性的对比肌理语言。例如，稀疏与密集、起伏与凸凹、光滑与蓬松、隐约与显现等。

①稀疏与密集。运用不同质地的材料与不同的组织结构，采用露经的编织方法，创造密集而不紊乱、空灵而不简陋、疏密虚实的对比肌理。

②起伏与凸凹。选用不同粗细的材质，通过起绒与平织结构的编织组合，形成浮雕般的、凹凸交替、起伏变化的对比肌理，风格鲜明强烈。

③光滑与蓬松。利用材质的光滑与粗糙的特性，经过紧密有序的织纹与断绒编织的组合，创造精致与粗犷、平滑与蓬松、紧密与松弛的对比肌理。

④隐约与显现。利用纬线在经线中时而隐没、时而浮现、时而拉长、时而缩短的穿行方法，营造变化多端、隐约与显现的对比肌理。

总之，属性不同的材料经过多变的组织结构与灵活的表现方法产生了对比肌理的语言。其在强调材质的触觉感受，挖掘材质在不同结构中扩张与收缩、对比与和谐、突兀与平坦、严密与透漏的张力表现，使图地关系发生分离，产生不同的层次式样，裂变成浮雕的形态。

（2）以自由结构表现的创造性肌理。当材料的张力彻底摆脱了经纬的束缚，向着自由的空间延伸时，就会产生一种简单抽象的视觉形态，这便是自由结构的创造性肌理，于是设计者们大胆地去处理材料，或伸展收缩，或编缠盘结，或挂选聚合，使材料不仅发挥出自身光滑亮丽或粗糙黯淡的质地特点，而且还可以变换出新奇的肌理表现语言。

三、服装面料的色彩设计

服装面料的外观与色彩，应从服装的总体设计出发，根据色彩的色相、明度和纯度变化三方面进行分析，以表现风格相协调的花纹。例如，设计古典风格的服装面料时，纹样多选用表现古典的题材，有典雅华贵的花草纹样，亦有传统的条纹、格子构成的几何纹样。在色彩的设计上，为适应典雅的面料的怀旧情调，须寻求一种优雅、宁静的色彩形象。

休闲服装面料、民族服装面料等诸多风格的设计，在面料的花纹配色上都各自蕴藏着本民族特定时期的文化内涵和传统习惯，并借鉴各民族之间彼此的艺术风格，呈现出一种崭新的设计。因此，面料的花纹是多层次、多方位的，花纹和色彩的配置需要根据面料的整体风格进行设计。

服装面料外观效果的艺术性和整体性的体现是由面料色调来确定的。当面料的花纹面积大而余地少时，花的颜色作为设计的主色调，能够呈现单色多层次，或绚丽多彩的外观效果，能起到弥补某种面料材质低廉感和其他缺陷的作用（图3-53）；当面料的花纹面积小而余地多时，以地的颜色作为设计的主色调，能够给人以轻柔、理性的印象，也能显示某些面料材质的高档感（图3-54）。

图3-53　花的颜色为设计主色

图3-54　地的颜色为设计主色

　　色彩的选择运用，加强了服装面料花纹所具有的民族性和时代性。如在面料纹样设计的选材上使用具有中国民族风格的传统图案，如牡丹、龙凤、中国文字等吉祥纹样，服装则被注入了更具代表性的民族气息以及它所代表的祥瑞之意（图3-55、图3-56）。

图3-55　民俗纹样

图3-56　民族纹样

　　许多国家的著名设计师都是根据民族的风格特点，选用色彩。例如，中国印象的色彩以深沉、丰富的高彩度为特征。在红绿相间的配色中添加金黄、宝石绿、紫罗兰色等，组成深沉而鲜艳的色调，则强化了服饰图案的中国民族特色。

四、织物的风格特征

　　织物因纤维原料、纱线组成以及组织结构的多样化，呈现出多样化的外观效果。通常风格特征是指服装面料作用于人的感觉器官所产生的综合反应，它是受物理、生理和心理因素的共同作用。

　　织物的外观风格主要包括视觉外观特征、触觉外观特征、听觉特征和嗅觉特征等。

1. *视觉外观特征*

以人的视觉感官——眼睛，对织物外观所作的评价，即用眼观看织物得到的印象。这也是织物给人的第一印象。织物的视觉外观描述包含颜色、光泽、表面特征等指标。

用于描述织物光泽的用语主要有自然与生硬、柔和与刺眼、明亮与暗淡、强烈与微弱等；用于描述面料颜色的用语主要有纯正、匀净、鲜艳、单一、夹花、悦目、呆板、流行、过时等；用于描述面料表面特征的用语有平整与凹凸、光洁与粗糙、纹路清晰与模糊、肌理粗狂与细腻、经平纬直、无杂无疵等。

2. 触觉外观特征

以人的触觉感官——手，对织物的触摸感觉所作的评价，也称为手感。通过手在平行于织物平面方向上的抚摸，垂直于织物平面方向上的按压及握持，抓捏织物获得触觉效果。面料的触觉特征主要包含面料的软硬度、冷暖感与表面特征等。

用以描述面料软硬度的词语为：柔软、生硬、软烂、有身骨架、板结；用于描述面料冷暖感的词语为：温暖、凉爽等；用于描述面料表面特征的词语为：光滑、爽洁、滑糯、平挺、粗糙、黏涩等。

3. 听觉特征

以人的听觉器官——耳朵，对织物摩擦、飘动时发出的声响做出评价。不同织物与不同物体摩擦会发出不同的声响。在穿着过程中，由于身体运动，衣料会发出声响；当风吹拂时，织物飘动亦有声响。声响有大与小、柔和与刺激、悦耳与烦躁、清亮与沉闷等之分。

长丝织物较短纤维织物声响清亮、悦耳，如真丝具有悦耳的丝鸣声。相同材料的织物，紧密、硬挺、光滑声响明显。织物声响在特定的情景下，对服装起一定的烘托作用。如婚纱、礼服等，与灯光、音乐、背景相辉映；帷幕、窗帘、旗帜飘动时，声响效果使环境添一种流畅感。

4. 嗅觉特征

人的嗅觉感官——鼻，对织物发出的气味做出评价。清洁、干燥、无污染的织物一般无特殊气味；印染织物，如水洗处理不当，会使织物带有染料气味；动物毛皮经鞣制处理不当，会带有点动物毛皮气味；为了防蛀，织物带有樟脑精气味；腈纶绒线和织物会有化纤特有的"气味"。有些织物有"香味"是根据消费者需要，在改造纤维或后整理处理而产生的。

第二节　机织面料的外观设计

机织面料是目前市场上应用最为广泛的织物。机织面料的设计涵盖了不同纤维、纱线结构、织物组织结构、织物色彩与织物图案的设计。这些设计与织物的外观与性能关系密切。

机织面料（也称机织物、梭织物），是由相互垂直排列的两个系统的纱线，在织机上按一定规律交织而成的织物（图3-57）。

服装用机织物的布面有经纬向之分。其结构稳定、布面平整、耐洗涤性好，适合用各种印染方法处理，具有良好的裁剪与缝纫性能。

服装用机织物的品种花色繁多，应用范围广，使用量大。目前市场上有80%的服装用织物为机织物。

图3-57　机织物

一、机织面料与纤维、纱线的设计

织物按原料成分来源可以分为纯纺织物、混纺织物与交织物。

在其他条件一定的情况下，纯纺织物的外观会呈现纤维自身的特性。混纺织物（两种或以上的纤维，加捻成一根纱线）的外观会体现两种纤维的特征。交织物（两种不同的纤维分别使用在经、纬纱上）的外观纵向体现经纱的特征，横向体现纬纱的特征。

通常来说设计表面光滑的织物，应选用长丝、纤细纤维的纱线；设计表面丰满的织物，应选用短纤维、粗纤维纺制的纱线；设计轻薄的织物，选用长丝、纤细纤维的纱线；设计有厚重感与温暖感的织物，选用短纤维、粗纤维纺制的纱线；设计具有毛呢风格的织物，应选用毛纤维或毛型纤维纺制的纱线；设计表面具有光泽的织物，应选用长丝，如化纤长丝、蚕丝等；设计具有保暖性能的织物，选用短纤维、粗纤维纺制的纱线；设计夏季用织物，应选用长纤维、细纤维、异型截面纤维纺制的纱线。

织物内纱线的细度对织物的外观、手感、服用性能均有明显影响。通常在相同条件下，较细的纱线组成的织物较为轻薄、柔软、细腻，但坚牢度要差一些。

丝感类织物的光泽较为明亮、颜色纯正而匀净，表面光滑、洁净，触觉上光滑、有凉爽感，织物的质地细腻、密实、轻薄，依据厚度不同，身骨不同（图3-58）。丝感类织物在服用中会有丝鸣的声响。麻感类织物光泽柔和，颜色匀净，织物表面有颗粒感，触觉上略粗糙，织物相比丝感类织物密度较小，所呈现的是质地粗糙、稀疏，较为轻薄、柔软（图3-59）。

图3-58　丝感类织物（李昌慧作品）　　　　图3-59　麻感类织物

二、机织面料与组织结构设计

（一）机织面料的外观特征

面料的外观特征是视觉和触觉的综合反应。通过视觉感觉到织物的硬软、厚薄、光泽的明暗、纹理的饱满，通过触觉感觉到织物的柔软度、平滑、粗糙等比较直观的外观特征。从专业的角度，可以从以下几个方面来概括。

1. 光感

光感是由织物表面的反射光所形成的一种视觉效果，它取决于织物的颜色、光洁度、纱线性质、组织结构、后整理和使用条件等。长丝织物、缎纹织物、细密的精纺呢绒等光感好。经常用柔光、瞟光、金属光、电光、极光等词汇来描述织物的各种光感。

2. 色感

色感是由织物的颜色形成的视觉效果，与原料、染料、染整加工和穿着条件等有关。色感给人以冷暖、明暗、轻重，收缩与扩张，远与近，和谐与杂乱，宁静与热闹等感觉，它对服装的整体效果起着重要的作用。

3. 质感

质感是指织物的外观形象和手感质地的综合感觉。质感包括织物手感的粗、细、厚、薄、滑、糯、弹、挺等，也包括织物外观的细腻、粗犷、平面感、立体感、光滑及起皱等织纹效应。质感会受纤维成分的影响，如蚕丝织物大多柔软、滑爽，麻织物则刚性、粗犷。质感也与织物组织有关，如提花组织、绉组织立体感强，缎纹组织则光滑感强。起绒、起毛、水洗、纺丝等整理均可改变织物的质感特征。

4. 形感

形感是指织物在其力学性能、纱线结构、组织结构、后整理及工艺制作条件等诸多方面因素的作用下，而反映出的造型视觉效果。如悬垂性、飘逸感、造型能力、成褶能力、线条的表现力及合身性等，因此，织物的形感特性会影响服装的造型。

5. 舒适感

织物的舒适感主要是视觉舒适、生理舒适与心理舒适。通常这三种舒适感觉交织在一起。例如，织物的光感、色感、质感、形感与视觉舒适和心理舒适是综合在一起的感觉，同样，冷感、暖感、闷感、爽感、涩感、黏身感等则与生理和心理舒适也是糅合在一起的感觉。

（二）机织面料的外观与组织结构

机织面料按织物组织分为：基本组织织物、小花纹组织织物、复杂组织织物、大提花组织织物。

机织面料的组织是纺织品外观设计中一项重要的内容。改变织物的组织将对织物结构、外观以及性能都会有较大的影响。

1. 平纹组织

平纹组织的经纬纱每隔一根纱线就进行一次交织，因此纱线在平纹组织织物中的交织最频繁，屈曲最多，因而平纹组织织物相对比较挺括、坚牢，在服装用织物中的应用广泛。平纹组织的织物布面外观平整（图3-60）。

图3-60　平纹组织织物的外观效果

平纹组织的特点是经纱、纬纱同时显露在织物表面，但如果改变织物结构中的某些参数或织造工艺参数，则会形成各种特殊外观的平纹织物。以下为几种具体的平纹织物。

（1）隐条隐格织物。利用纱线捻向不同对光线反射不同的原理，经纱或纬纱采用不同捻向的纱线按一定的规律相间排列（图3-61）。如凡立丁、薄花呢等。隐条隐格织物多用于外衣类设计。

图3-61　隐条隐格织物及其应用

（2）凸条效应的平纹织物。采用线密度不同的经纱或纬纱相间排列织成的平纹织物，表面会产生纵向、横向条纹的外观效应。在这种处理之后，可以得到类似麻织物效果的织物。

（3）泡泡纱织物。织物采用两个织轴织造。在织物表面形成有规律的泡泡状、波浪状的皱纹条子。泡泡纱织物常用于夏季面料、童装面料（图3-62）。

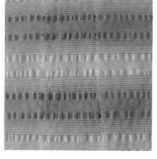

图3-62　泡泡纱织物及其应用

（4）起绉织物。利用强捻纱织成的织物，经后整理加工形成起绉效应的织物（图3-63）。如巴厘纱织物、顺纡绉、柳条绉、双绉等。服装设计师常采用起绉织物进行作品创作（图3-64）。

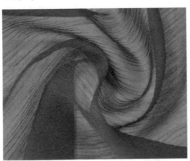 

图3-63　起绉织物

凌雅丽作品　　　　　　　　　　　　三宅一生作品

图3-64　起绉织物的运用

（5）烂花织物。烂花织物的经纬纱常采用涤棉包芯纱，织物组织结构为平纹组织。烂花织物是平纹组织织物进行了烂花处理。该种织物花型轮廓清晰、凹凸立体感强，风格独特，可以作为服用面料和装饰面料（图3-65）。

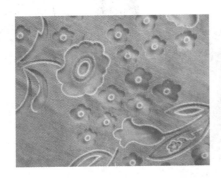 

图3-65　烂花织物

（6）色织物。色织物的组织结构为平纹组织，织造时采用了不同颜色的经纬纱进行交织，进而获得绚丽多姿的色织物（图3-66）。色织物有厚、薄之分。一般薄的色织物宜作为春夏装面料，如制作男女衬衫等。厚的色织物宜作为秋冬装面料，如制作夹克、大衣、围巾等。色织物的应用非常广泛（图3-67）。

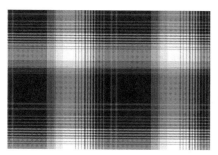

图3-66 色织物

2. 斜纹组织

斜纹组织也是应用广泛的织物组织。其特点是组织图上有经组织点或纬组织点构成的斜线，织物表面上有经（或纬）长浮线构成的斜向织纹。

斜纹织物表面的斜纹线是否清晰，与纱线线密度、织物密度相关，同时也与纱线捻向关系密切。斜纹织物一般要求斜纹线纹路清晰，所以必须根据纱线的捻向合理选择斜纹线的方向。

当织物受到光线照射时，浮在织物表面的每一纱线段上可以看到纤维的反光，各根纤维的反光部分排列成带状，称作"反光带"。反光带的倾斜方向与纱线的捻向相反，即反光带的方向与纱线中纤维排列的方向相交。因此，织物中Z（S）捻向的纱线，其反光带的方向向左

图3-67 色织物的应用

（右）倾斜。在斜纹织物中，当反光带的方向与织物的斜纹线方向一致时，斜纹线就清晰。对于经面斜纹来说，织物表面的斜纹线由经纱构成。同面斜纹由于经密大于纬密，织物表面的斜纹线也由经纱构成。因此，设计斜向时主要考虑经纱捻向对织物外观的影响。经纱为S捻时，织物应为右斜纹，反之为左斜纹。对于纬面斜纹来说，情况与经面斜纹相反，当纬纱为S捻时，织物应为左斜纹，反之为右斜纹。

只要使构成斜纹线的纱线中纤维排列的方向与织物斜纹线方向相交，则反光带的方向就与织物斜纹线的方向一致，斜纹线就清晰，反之则不清晰。在实际使用中，一般织物由于经纱质量优于纬纱，同时经密大于纬密，所以经面斜纹织物应用较多。

　　斜纹组织与平纹组织比较，在纱线线密度和织物密度相同的情况下，斜纹织物的坚牢度不如平纹织物，但手感相对柔软。一般斜纹组织的密度比平纹织物大。

　　斜纹织物表面的斜纹线倾斜角度随着经纬纱密度的比值而变化。当经纬纱线密度相等时，提高经纱密度，则斜纹线倾斜角度变大。棉织物中的劳动布（牛仔布）、斜纹布、单面纱卡其、单面华达呢均是斜纹组织的代表面料。左斜纹与右斜纹的斜纹织物的浮线倾角不同（图3-68）。斜纹组合形成的人字纹与破斜纹也形成了更丰富的斜纹组织（图3-69）。

图3-68　左斜纹与右斜纹组织的织物

图3-69　人字纹与破斜纹组织的织物

3. 缎纹组织

　　缎纹组织的特点是相邻两根经纱或纬纱上的交织点是单独而不连续的。单独组织点相距较远，而且所有的单独组织点分布均匀，有规律。缎纹组织的单独组织点，在织物上由其两侧的经或纬浮长线所遮盖，在织物表面都呈现经或纬的浮长线，因此布面平滑匀整、富有光泽、质地柔软。在其他条件不变的情况下，缎纹组织循环越大，浮线越长，织物越柔软、平滑、光亮，但其坚牢度则越低。

　　缎纹组织设计需要注意的问题有以下几个方面。

　　（1）织物密度的选择。织物密度是指单位长度织物内纱线的根数，可分为经向密度和纬向密度。在通常情况下，缎纹织物密度比平纹织物、斜纹织物密度大。根据需要，如为了突出经面效应，则经密应大于纬密；同理，为突出纬面效应，纬密应大于经密。

　　（2）斜向问题。缎纹组织虽然不像斜纹组织那样有明显的斜向，但织物表面存在一个主斜向，并随飞数的变化而变化。当飞数大于经纬纱数的一半时，缎纹组织的主斜向为右倾（织纹方向S＜R/2时，织物主斜向为右斜）；当飞数小于经纬纱数的一半时，缎纹组织的主斜向为左倾（织纹方向S＞R/2时，织物主斜向为左斜）。对于经面缎纹，经密大于纬密，织物表面的斜向是否清晰，决定于纱线的捻向与纹路。

缎纹组织与平纹、斜纹组织比较，在纤维成分、纱线细度及织物密度相同的情况下，更为柔软，因而缎纹组织的应用也非常广泛。

图3-70 方平组织
（刘婧仪作品）

4. 其他组织结构的织物外观

其他组织结构如方平组织、变化斜纹、蜂巢组织、平纹地小提花的织物外观丰富多彩（图3-70～图3-73）。

图3-71 斜纹与变化斜纹（冯梦帅作品）　　　图3-72 蜂巢组织（邢霄作品）

千鸟纹1　　　　千鸟纹2　　　　犬牙纹　　　　小花点纹

图3-73 平纹地小提花（冯梦帅、邢霄、刘希作品）

三、机织面料的色彩

色彩是服装面料构成的重要因素，也是时尚、流行的基础。国际流行色协会每年定期发布流行色预测，从某种意义上讲，色彩是服装流行的"先行者"。色彩是由于光的折射产生的，基本的构成元素有色相、明度和纯度，即色彩的三属性。

色相是色彩的最大特征，它是由光波的波长来决定的。明度是指色彩的明亮程度，也就是色彩的深浅度。纯度是指色彩中含有某种单色光的纯净程度，又称饱和度或鲜艳度。此外构成色彩整体倾向的组合成为色调。

面料的纤维性能和组织结构不同，对光的吸收和反射程度也不同，其色彩效果就各不相同，色彩与面料的材质密切相关。例如，丝绸面料的色彩富贵华丽，羊毛面料的色彩温暖高雅，棉麻纤维面料的色彩浑厚自然。

不同的色彩元素在面料设计、服装设计中的运用广泛。阿玛尼同款服装的不同色彩表现（图3-74），就有不一样的感觉。顺应2014流行趋势，伦敦大学学生设计作品中色彩的运用（图3-75）。2014年品牌antipodium的T台秀中的色彩运用（图3-76～图3-78）。

图3-74 阿玛尼（2014米兰秋冬女装发布会）

图3-75 London college fashion（2014伦敦秋冬发布会）

图3-76　antipodium（2014伦敦秋冬发布会）

图3-77　antipodium（2014伦敦秋冬女装发布会）

图3-78　antipodium（2014伦敦秋冬女装发布会）

第三节　针织面料的外观设计

针织面料是指以一根或一组纱线为原料，以纬编机或经编机加工形成线圈，再把线圈相互串套而形成的织物。针织物按生产方法可以分为纬编针织物与经编针织物（图3-79）。针织物可广泛用于外衣、毛衫、内衣、围巾、帽、手套、花边等中（图3-80）。

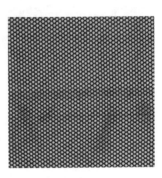

纬编针织物　　　　　　　　　　　经编针织物

图3-79

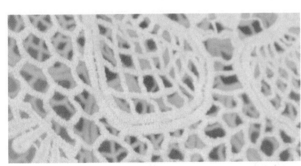

图3-80　针织物编制的花边与帽

一、针织面料与纤维、纱线的设计

针织面料可以先织成坯布，再经裁剪、缝制成各种产品，也可以直接织成产品。

针织面料手感柔软，弹性与延伸性良好，同时具有良好的抗皱性、透气性。适宜制作内衣、童装与运动装。其缺点是易钩丝，尺寸的稳定性较难控制。

针织面料的外观与纤维、纱线的关系密切。短纤维纱线、粗纱线形成的织物表面通常有毛绒感，织物的线圈结构清晰、立体感强（图3-81）。长丝线、细纱线形成的织物表面平整、光洁，手感柔软（图3-82）。

图3-81　短纤维纱线、粗纱线针织物　　　　图3-82　长丝线、细纱线针织物

二、针织面料与线圈结构设计

线圈是构成针织物的基本单元。纱线按一定顺序弯曲成线圈，线圈相互串套形成织物。纱线形成线圈的过程，根据生产方式可以分为纬编和经编两种形式，即横向或纵向地进行。横向编织称为纬编织物，而纵向编织称为经编织物。针织物线圈的排列、组合与联结的方式决定着针织物的外观和性能。针织物的组织方式有基本组织、变化组织和花色组织三大类。

基本组织是由线圈以最简单的方式组合而成。纬编针织物中的纬平针组织、罗纹组织和双反面组织，经编针织物中的经平组织、经缎组织和编链组织都属于简单组织。

变化组织是在一个基本组织的相邻线圈纵行间配置另一个或另几个基本组织的线圈纵行而成。如纬编针织物中的双罗纹织物，经编针织物中的经平绒组织和经斜组织。

花色组织是以基本组织或变化组织为基础，利用线圈结构的改变，编入一些辅助纱线或其他纺织原料而成，如添纱、集圈、衬垫、毛圈、提花、波纹、衬经组织及由上述组织组合的复合组织。

（一）纬编组织

1. 纬平针组织

纬平针组织又称平针组织，它由连续的单元线圈沿着一个方向相互串套而成。正面呈现圈柱，有平坦均匀的纵向条纹；反面呈圈弧，有横向弧形线条，光泽较暗（图3-83）。

正面　　　　　　　　　　　　　　反面

图3-83　纬平针织物

纬平针组织纵向和横向延伸性较好，尤其是横向的延伸性更好。但它们有严重的脱散性和卷边性，有时会产生线圈歪斜。

纬平针组织可以广泛地运用于内衣、T恤衫、运动衫、运动裤、袜子、手套、毛衫等的制作中。

2. 罗纹组织

罗纹组织是由正面纵行和反面纵行按一定的组合规律间隔排列所形成的针织物，它具有双面结构的特征。以正反面线圈纵行数的不同，可组成1+1、2+1、2+2、5+3罗纹等（图3-84、图3-85）。

图3-84　1+1罗纹组织　　　　　　　　图3-85　2+1罗纹组织

罗纹组织横向具有较大的弹性和延伸性，顺着编织方向不易脱散，也不卷边。因此常用于袖口、领口、裤口和下摆等处，还常用于弹力衫、T恤衫、弹力背心、运动衫、运动裤等。

3. 双反面组织

由正面与反面的线圈横列相互交替编织，从同一纵行看是一个正面线圈套着一个反面线圈。当线圈处于松弛状态时，正反面都呈现反面横列条纹的外观，将正面线圈覆盖。常见的双反面组织有1+1、2+2双反面等（图3-86）。

双反面组织的针织物显得比较厚实，纵、横向的弹性和延伸性都较大，且相接近。双反面织物容易沿顺编方向和逆编方向脱散，但不易卷边。适用于婴儿服装、袜子、手套、

图3-86　1+1双反面组织的织物正、反面

羊毛衫等成型针织品中。

（二）经编组织

经编组织中的经平与经缎组织均为针织物中的基本组织（图3-87）。

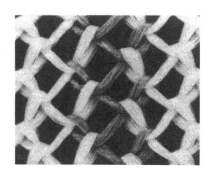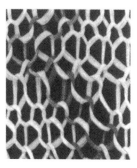

图3-87　经平组织、经缎组织

经编组织的应用随着技术的发展也越来越广泛。如网眼布（图3-88）等。

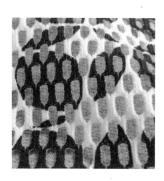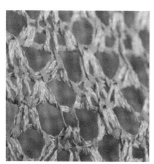

图3-88　网眼布与经编组织织物

三、针织面料的色彩、纹样与肌理

对针织面料色彩的选择通常根据流行趋势、面料的用途、面料的材质等因素综合进行考虑。

毛衫是针织服装中最具特色的门类，其纬向线圈串套的结构特征决定了整体外观风格的特殊性。由于针织毛衫轮廓线条的柔和性，若再被赋予色彩更强的视觉效果，服装则更能传递出美、时尚的信息。分析探索针织毛衫色彩设计的特点，对开拓毛衫市场具有重要的意义。

（一）针织面料的色彩

针织工艺中可以使用各种类型的纤维纺成的纱线，如羊绒、羊毛、丝、棉、麻、黏胶和各种新型纤维纺成的各种纯纺、混纺纱线等。根据纤维材料的不同，特别是市场需求多样，纱线常会纺成单纱或股线。它的粗细、捻度、捻向等结构的变化会影响针织物表面色光的变化，如采用花式纱线可使针织毛衫的色彩表现力愈加丰富、新奇。

在应用色彩方面，我们可以应用鲜艳、亮丽的色彩，也可以选择光泽较柔和与中性的色彩。明度彩度的运用更是根据需要来选择。在色彩的运用方面，虽有流行趋势的引导分析，但没有绝对的标准定义，最关键的还是依市场需求而定。

（二）针织面料的纹样与肌理

针织面料的纹样与肌理的设计比较多地表现在毛衫设计。下面以毛衫设计为例解析针织面料的纹样与肌理的设计。毛衫的肌理设计主要包括条纹、菱形格和提花纹样肌理。

1. 条纹纹样肌理

条纹纹样因其生产工艺的便利性，成为了毛衫中应用最为广泛的一种装饰形式（图3-89）。

2. 菱形格纹样肌理

菱形格纹样也是毛衫常用的图案元素。英伦风格的菱形格注重几何造型的处理，在设计菱形格时，要注重毛衫的底色、菱形格的色彩以及斜十字线的色彩三者之间的空间用色关系的处理（图3-90）。

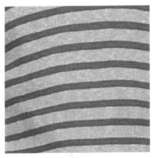

图3-89　条纹纹样肌理的应用

3. 提花纹样肌理

提花纹样是最有毛衫特色的一种纹样形式，其立体感强，花型逼真（图3-91）。

图3-90　菱形格纹样肌理的应用　　　　图3-91　提花纹样肌理的应用

（三）按表面处理工艺对针织面料的分类

针织面料按表面处理工艺分类，也是常用的一种分类方法，一般可以分为印花面料、绣花面料、拉毛面料、缩绒面料、浮雕面料。下面以它们在针织毛衫上的应用为例解析。

1. 印花针织面料

该种面料采用印花工艺，在针织面料上印制精美的图案。它是毛衫中的较受欢迎的品种。印花格局有满身印花、前身印花、局部印花等。印花针织面料外观优美、艺术感染力强、装饰性好。

2. 绣花针织面料

在毛衫上通过手工或机械刺绣方式，绣上各种花型图案，其花型细腻纤巧，绚丽多彩，以女衫和童装为多。绣花毛衫面料有本色绣毛衫面料、素色绣毛衫面料、彩绣毛衫面料、绒绣毛衫面料、丝绣毛衫面料、金银丝线绣毛衫面料等。

3. 拉毛针织毛衫

将已织成的毛衫衣片经拉毛工艺处理，使织品的表面拉出一层均匀稠密的绒毛。拉毛毛衫手感蓬松柔软，穿着轻盈保暖。

4. 缩绒针织毛衫

缩绒针织毛衫又称缩毛毛衫，缩毛毛衫一般都需经过缩绒处理。缩绒后，毛衫质地紧密厚实，手感柔软、丰满，表面绒毛稠密细腻，穿着舒适保暖。

5. 浮雕针织毛衫

浮雕毛衫是毛衫中艺术性较强的新品种。它是将水溶性防缩绒树脂在羊毛衫上印成图案，再将整件毛衫进行缩绒处理，印有防缩剂的花纹处不产生缩绒现象，织品表面因此呈现出缩绒与不缩绒部位分别凹凸为浮雕般的花型，再以印花加工点缀浮雕，使花型有强烈的立体感，外观优美雅致，给人以立体浮雕的感觉。

第四节　服装面料的外观与织物性能

一、服装面料的外观与织物保形性

（一）折皱性

织物面料被挤、揉、压或穿着时发生塑性弯曲，变形形成折皱的性能，称为折皱性。织物面料具有折皱回复的性能称为折皱回复性。

1. 织物折皱性能的影响因素

（1）纤维性状。纤维越粗，折皱回复性越好；纤维弹性好，折皱回复性越好。

（2）纱线结构。捻度适中，折皱性好；捻度低，纱线易滑移，纤维折皱不易回复；

捻度过高，纤维已有变形，加之折痕弯曲变形，会引起塑性形变，且纤维一旦滑移，回复阻力变大，故抗皱性也差。

（3）织物的特征。厚织物折皱回复性好。针织物的线圈结构弹性好，蓬松、厚实，折皱回复性优于机织物。机织物三原组织中，平纹组织交织点最多且织物薄。外力去除后，织物中纱线不易做相对移动回复到原来状态，故织物折皱回复性较差；缎纹组织交织点最少，折皱回复性较好；斜纹组织介于两者之间。

（4）环境。温湿度增加时，纤维间摩擦阻力增加，导致折皱回复性降低。棉、麻、毛湿热下易起皱。

2. 改善织物折皱性能的办法

（1）树脂整理。通过增加分子链间不可滑移的固定点来改善织物的折皱性。

（2）混纺、交织。采用氨纶包芯纱、弹性长丝或弹性短纤维的混纺、交织织物，以增加纱线弹性和织物变形后的回复能力。

（3）液氨整理。对棉织物而言，可以采用液氨整理，以增加纤维弹性和圆整度，进而增加织物蓬松性等。

（二）褶裥保持性

褶裥保持性指服装上的褶裥（如叠缝边、裤褶缝、领边、裙褶等）能保持长久，而不自动变形的性能。大多合成纤维为热塑性高聚物，故在一定温度和外力作用下，强迫织物变形，可获得褶裥。织物面料的褶裥保持性，与面料的外观设计有关。故需要研究怎样才能加强褶裥保持性，以保持服装的褶裥设计更持久。

影响褶裥保持性的因素如下：

（1）纤维本身结构的稳定性。纤维结晶高、模量高、弹性高，则不易变形。纤维热塑性好，热定型后结构越规整，分子间作用力越大，纤维玻璃化温度越高，则褶裥保持性越好。

（2）纤维间结构的稳定性。纤维间、纱线间作用力越强，摩擦越大，织物结构越稳定，褶裥保持性好。捻度高，织物越紧密、厚实，褶裥保持性好。所以可以通过加大褶裥处织物的紧密度和纤维间的联结来改善织物的褶裥保持性。此外采用热塑性好，能交联和再结晶性能的纤维也可以在一定程度上改善织物的褶裥保持性。折皱回复性与褶裥保持性的区别在于，折皱回复性是将平整织物弯曲后，考察其回复到原状的能力；而褶裥保持性是指将弯曲织物整平后，考察其回复到原状的能力。褶裥保持性能在织物与服装设计中的应用也是一大亮点（图3-92、图3-93）。

二、面料的外观与织物悬垂性

织物因其自身重力而下垂的形态及程度称为织物的悬垂性。下垂程度越大，表明织物的悬垂性越好。根据服装的使用状态悬垂性可分为静态悬垂性和动态悬垂性。

图3-92　织物褶裥保持性的运用
（凌雅丽作品）

图3-93　织物褶裥保持性的运用
（上海视觉艺术学院学生作品）

（一）静态悬垂性

静态悬垂性指织物在自然状态下的悬垂程度和悬垂形态。

具有视觉美感的静态悬垂，是指人们着衣保持静态时，衣服无架子感不缠身，能形成流畅曲面，各部分悬垂比例均匀、和谐，给人以视觉的美感。

静态悬垂性的测试方法有很多种，最常用的是伞式法（圆盘法）。织物在悬垂中既有弯曲，又有剪切。因此，织物的弯曲性能以及纱线间的交织点或握持点的滑动、转动和剪切作用，均会影响织物的静态悬垂性。

（二）动态悬垂性

动态悬垂性是指服装在着装者一定运动状态下的悬垂程度、悬垂形态和飘动频率。具有视觉美感的动态悬垂性在人步行或微风吹拂时，衣服能与人体协调，而人不动或风停止时，衣服又能恢复静态的悬垂特性。

动态悬垂性的测量只需将原静态的悬垂物绕伞轴转动即可。须采用高速摄影记录下悬垂织物的投影形态，便可将所有的静态指标变为动态指标。

影响静态悬垂性的因素也是影响动态悬垂性的因素。实验中转动速度及温湿度对其有一定的影响。温湿度会影响织物的柔软和增重，进而影响悬垂性。

面料悬垂性在服装设计中的运用造就了更加有动感的服装形态（图3-94、图3-95）。

图3-94　面料悬垂性的运用
（凌雅丽作品）

图3-95　面料悬垂性的运用
（李晓菲作品）

第五节　面料的服用性能设计

织物面料在穿着与洗涤过程中，会受到反复的拉伸、弯曲、摩擦、日晒等物理作用，因而在进行织物的设计时，也需要考虑这些方面对织物性能的影响。同时，研究表明，消费者对于服装的穿着舒适性的要求日益提高，织物穿着舒适性的设计极为重要。主要包括热舒适性、湿舒适性与触感舒适性的设计。随着新型面料的研发与后整理技术的发展，人们对功能性面料的要求越来越高，本节将重点介绍织物的功能性设计。

一、织物的耐用性能设计

衡量面料力学性能的指标有很多，主要包括拉伸强度、撕破强度、顶破强度、耐磨性能。这些指标主要用来衡量织物的耐用性。

服装在穿着过程中，臀、膝、肘、领、袖、裤脚等部位因受到各种摩擦而引起损坏，使服装的强度、厚度减小，外观上发生起毛现象，失去光泽，褪色，甚至出现破洞的情况，这种破坏称为磨损。耐磨性能是指织物具有的抵抗磨损的特性。耐磨性能的重要性主要体现在工作服装和儿童服装的设计中。

纯纺织物的力学性能直接取决于织物的原料与纱线。若想改善织物的力学性能，可以通过与力学性能优良的其他纤维混纺。例如，棉的舒适性优良，但保形性较弱，制作外衣时，挺括度不够，可以通过涤/棉混纺，提高织物的力学性能，提升服装的外观美感。

二、面料的舒适性能设计

服装穿着的舒适感是衡量服装材料的重要指标。除了纤维本身特有的性能使服装有舒适感外，还可以通过改善衣着纤维的性能来达到一定的舒适水平，它具体在以下两个方面。

（一）热湿舒适性

服装在穿着过程中，调节着人体与环境所进行的能量交换，使人体的体温维持在一定水平，从而保持热与湿的舒适感。服装的款式以及着衣的方式会影响服装对于热湿的调节，而织物自身性能更是与服装热湿调节的能力关系密切。织物的热湿舒适性能包括隔热性、透气性、吸湿性、透湿性、透水性、保水性等。我们着重介绍保暖性能中的隔热性与湿舒适性中的吸湿性。

衡量织物保暖性能最常用的指标为热阻，热阻可以用热欧姆❶表示，也可以采用克罗值❷表示。织物的保暖性能与纤维的原料、纱线的细度、织物的密度与厚度关系密切。在纱线、织物结构一定的情况下，织物的保暖性能主要取决于纤维。

天然纤维中的棉、毛、丝的保暖性能俱佳。由于棉纤维内部充满了死腔空气，导热系数小，因而棉织物的保暖性好。另外，羊毛的导热系数也小，同时羊毛纤维卷曲易于束缚静止空气，因而也适宜制作对保暖性要求高的服装。

织物面料吸收气态水分的能力称为织物的吸湿性，织物放出气态水分的能力称为织物的放湿性。人体不断地通过皮肤向体外释放水分，调节人体的体温。这种释放水分的方式有两种表现形式：一种是出汗的显性蒸发，另一种是没有显汗的不感知蒸发。如果这些水分不能及时地被面料吸收或者透过面料释放到环境中，人体就会感到闷热或潮湿，引起人体的不适。

夏季服装与内衣的设计要求织物具有良好的吸湿与放湿的能力。织物的吸湿性主要取决于纤维原料的吸湿性。织物吸湿性的表征指标是回潮率，回潮率越大，吸湿性越好。同时织物的吸湿性能还受纱线结构、织物结构和后整理的影响。天然纤维的吸湿性良好，化学纤维中的再生纤维素纤维的吸湿性接近于天然纤维，大多数化学纤维的吸湿性差。但经过设计的异形截面纤维可表现优良的吸湿性，例如，美国杜邦公司研发的Coolmax吸湿排汗纤维是设计高端运动服装的首选。

（二）触感舒适性

触感舒适性主要针对贴身穿着的服装。它包括接触冷暖感、刺痒感与压力感。

---

❶ 热欧姆（T-Ω）是热阻的米制单位，量纲为$m^2 \cdot ℃/W$。

❷ 克罗值（CLO）是表示热阻的单位，它是指在室温21℃，相对湿度小于50%，气流速度不超过0.1m/s的条件下，一个人静坐保持舒适状态时所穿着服装的热阻。

影响织物冷暖感的主要因素有纤维原料、纱线结构、织物结构等。

当织物与皮肤接触时，由于织物与皮肤之间的相互挤压、摩擦，使皮肤产生刺痛和瘙痒的不适感，就是织物的刺痒感。织物的刺痒感主要产生于毛衣、粗纺毛织物和麻织物等。

服装的压力舒适性主要针对紧身服装，如女性胸衣、牛仔裤等紧身服装。如果服装对人体产生过大的压力，会对人体造成不适感甚至病变。而贴身穿着的女性胸衣对于压力舒适性的要求则更高。因此压力舒适性与织物的弹性、服装的结构设计关系密切，也可以从这两个方面改善服装的压力舒适性。

三、面料的功能性设计

由于目前有许多特殊的领域和特殊工种，所以需要特别的功能性服装。因此，织物的功能性设计是重要的一环。例如，消防服装、抗菌服装、潜水服装、航天服装等都不是一般意义上的服装，而称之为功能性服装。

功能性服装的设计首先是依据所需功能的要求，选用可以满足该种功能的纤维材料。

当单层功能纤维无法满足人们对功能服装的需求时，可以考虑服装的多层设计。例如，热防护服装的主要功能要求是耐高温、阻燃，因而可以选用耐燃性能优良的纤维，如芳砜纶等。而热防护服装只考虑耐高温、阻燃还不足以达到保护消防员的目的，因为救火过程中消防员体内产生的热湿也需要及时散发，否则也会导致消防员处于危险之中。因而在热防护服装内层的材料设计中还应选取具有良好吸湿、透气的面料，同时外层面料应能防火、透湿。此外，还可以对织物进行阻燃整理，从而达到防火的目的。目前，功能性服装被应用在了各种特殊的工种中，如航天服、热防护服、防辐射服等（图3-96）。

图3-96　神舟九号航天服、热防护服、防辐射服

思考与练习

1. 面料的外观设计包含哪些方面？
2. 影响机织面料外观的因素有哪些？如何影响？
3. 影响针织面料外观的因素有哪些？如何影响？
4. 面料外观与织物性能的关系体现在哪些方面？
5. 面料服用性能设计应考虑哪些因素？

应用设计——

服装面料再造设计

课程名称： 服装面料再造设计

学习目的： 通过本章的学习，使学生掌握服装面料再次设计、制作的规律及具体操作方法，教授学生创造性思维的方式和设计构思的途径。同时，在学生掌握面料再造设计的基本原理和实践技巧，了解面料再造创意设计构思的基本步骤等知识的基础上，能利用面料再造的技能技法，让面料设计的创意性思维在服装媒介中得到最终地实现。

本章重点： 本章重点为教授服装面料再造设计的多种技能技法，以及服装面料再造创意性设计思维训练。

课时安排： 24课时

第四章 服装面料再造设计

服装、服饰的设计与时尚流行趋势存在必然的内在联系，因此，要使大量专业化设备生产的成衣，成为大众时尚的"亮点"，在使用面料时，除了考虑其具有特定的功能、技术要求外，还必须考虑面料本身独特的设计表现力。从当今时尚领域的发展趋势来看，服装的"亮丽"与否，与其所使用面料的时尚性相关。面料的时尚性正逐渐成为服装设计的重要因素。

随着时代的进步，人们对穿着的要求在不断提高，服装个性的需求也越来越多，将服装面料的创新与服装款式设计相融合，能够较好地满足人们对个体个性的需求。所以，面料的变革与改造将成为未来服装设计发展的重要基础。

不同款式的时装需要采用不同的再造创意面料，以表现出不同人群的时尚"语言"（图4-1）。

图4-1　面料再造创意服装（选自《国际纺织品流行趋势》）

第一节　服装面料再造设计的概念

服装面料再造是以面料特性为研究重点，以常规面料为研究基础，用视觉和触觉的有序辨识力，来认识改造后的服装面料那种全新的美。它融汇艺术与技术，并将其体现在面料设计与时尚流行之间，从而使服装材料的再创造成为服饰设计拥有独特魅力的创新点。

从近年的流行趋势中我们看到，面料作为服装的载体，在服装设计中起着越来越重要的作用。服装在造型设计中运用面料再造是对面料的二次设计、制作。为了实现特定的设计表现效果，除了常规设计外，还将运用多种设计手段和制作工艺对成品面料进行再次加工，来改变面料的原有外观，塑造出具有强烈个性特色的外观形态。

在此，我们对面料再造与服装造型关系进行探讨，是为了让我们深入理解和掌握服装材料的特性及其对服装的影响，从而合理地选择、灵活地使用各种材料，通过艺术创作实践，更好地来表达多种服装造型的设计语言。

一、服装面料再造设计概述

服装面料再造设计，是对服装材料的第二次设计，是再次运用设计的手段对基础面料进行新的改造。首先，服装面料再造设计是根据设计者的审美或设计需求，对服装材料进行改造设计。在此过程中，设计者赋予传统织物新的印象和内涵，重塑面料的视觉、触觉效果，进一步拓展面料的表现力（图4-2）。其次，按技术加工要求，根据设计者对现有的面料或纤维材料进行加工改造，即对面料运用轧褶、绗缝、镂空、机绣、贴布、钩针、编织等特殊工艺手法加工，使其产生新的视觉效果和独特的艺术魅力（图4-3）。

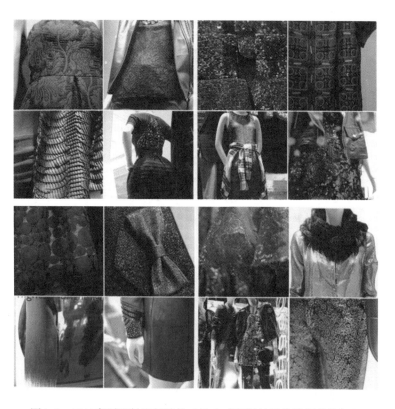

图4-2　2015春夏面料流行趋势（选自《国际纺织品流行趋势》）

图4-3　运用特殊工艺手法呈现的新型面料效果（选自《国际纺织品流行趋势》）

（一）服装面料再造设计的作用

目前，服装面料再造设计，不仅是国际时尚的主流方向，而且，也已经形成世界面料发展的一种趋势。它使高度商业化和工业化的服装设计变得更加富有个性并充满原创性，使服装风格转换，提高了服装的附加值，深化了服装产品的文化内涵。

服装面料再造设计，是以原有的面料设计为基础，根据实时的面料流行趋势，在行业认可的服装材料使用范围内，利用抽丝、褶皱、手绘、镂空等再造方法改造面料的肌理和色彩，使其产生新的艺术效果，使普通的面料具有特别的表现力，为服装的创意设计提供更多"路径"。当下，服装面料再造设计已成为现代服装设计的常用手法之一，广泛地应用于时装、高级成衣、服饰配件的设计元素中。

按国际品牌的视角审视，从夏奈尔到迪奥，到约翰·加利亚诺到安娜·苏，面料再造的设计手法已经被应用于几乎所有的一线品牌，并在服装上展现出惊人的效果，同时受到越来越多时尚推崇者的高度认可。例如，世界顶级服装设计师三宅一生著名的标志性设计"一生褶"就体现了面料再造创意的无限魅力，面料再造设计使他的作品简洁中蕴含着丰富，达到艺术与实用完美交汇的境界（图4-4）。

在国内，通过对服装面料再造的设计，也成就了大批新锐设计师，他们设计的作品让人耳目一新。例如，在"汉帛杯"、"新人奖"等国内知名的服装比赛中，就设置了"最佳面料再造效果奖"，以此表示业内人士对面料再造设计创新的高度重视。这些比赛中的面料再造设计获奖作品犹如一件件艺术珍品，给人们展现了无限的遐想空间，同时也激发服装设计者的灵感与创作的热情（图4-5、图4-6）。

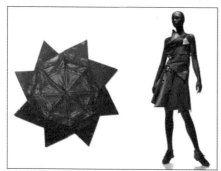
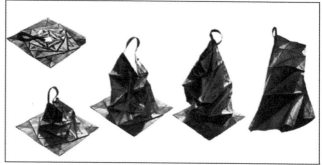

图4-4　三宅一生平面服装打造（3D效果）

图4-5　第11届汉帛杯"中国国际青年设计师大赛"

图4-6　"九牧王"杯第19届中国时装设计新人奖

（二）服装面料再造设计的特点

1. 艺术性

服装面料再造设计具有较强的艺术性。它通过材料、造型、色彩、构成等形式来表达丰富多彩的形式美。同时，也运用艺术元素反映社会生活和表达设计者们独特的思想感情，并以此来表现设计审美意境、凸显潮流趋势。因此，我们认为再造的服装面料本身就是艺术品，它的设计语言独特、鲜明，设计手法多样、灵活，感染力强，是一种能够有效表达设计思想的艺术语言。

2. 技术性

服装面料再造设计，须有较强的技术性作基础，这是服装面料再造成功的必要条件。为此，我们首先要掌握各种面料的性能，并能分析材料的特点，再选择适合具体面料再造的方法，这就需要熟悉面料改造的各种工艺，并能实践操作。

3. 功能性

我们在做服装面料再造设计时，同时要考虑它的功能性，这是人们对服装的基本要求之一。因此，在服装面料再造设计中，不仅要考虑它的肌理、层次、色泽所产生的美感，还应当考虑耐用性、便利性以及与人体的结合舒适程度及健康性。

4. 商业性

这是服装面料再造设计基点，它是为满足市场对服装个体个性的需求。消费者的需求，才是面料设计的终极目标。因此，面料再造的商业性，是服装面料再造设计时需要重视的环节。

二、服装面料再造须重视的相关关系

1. 面料再造与材料

由多种材料组合的再造面料的特殊表现力的完美表现，需要整合多种不同材料进行面料再造，使服装所表达的感觉既丰富又立体，可以这么说，面料再造与材料是直接相关的。

2. 面料再造与服装设计

服装设计在面料应用上的再创造，是推动设计领域不断推陈出新的路径之一。在服装设计时要同步思考面料的设计，在设计面料时，也要同步考虑影响服装款式设计的元素，让二者有机地融合在一起，才能再造出适合服装需求的面料。

3. 面料再造的着眼点

首先要将生产、流通领域的需求与纺织服饰产业发展联系起来思考，要将设计新思维与传统设计观念统一起来衡量面料的设计水准，这也是当前设计界需要重视的关键点。

第二节　面料再造的设计与表现

服装面料再造设计是需要综合多种因素进行创造性设计。这需要从小细节着手，从小的局部设计做起，并进行设计思维训练，在调查研究消费者对于面料需求的基础上，拓展我们设计思维的空间。

一、面料再造的灵感

在服装面料再造设计中，有许多灵感是突发的、模糊的，是凭借直觉而进行的顿悟性的思维。我们可以将零散的灵感或想法逐一记录下来，在此基础上，不断地再思考，然后进行归一整理、整合形成面料再造设计系统性的设计思想，这是激发我们设计的最初诱因。

灵感是面料再造设计的起点，灵感的捕捉和想象地发挥能孕育优秀的设计理念，凭借灵感去构思，发现生活中的美，学会留心和关注那些往往被我们忽视或熟视无睹的事物，去发挥我们的想象力，从大自然、传统文化、历代服装、姊妹艺术、科技领域、日常生活中寻找灵感和设计来源。例如，自然界色彩肌理的启迪、对中国传统文化的理解、绘画艺术的色彩线条、肌理结构的共鸣、书法笔墨章法的神采内涵、建筑造型空间的韵律美、音乐的节奏旋律、舞蹈的形态协调、摄影的色彩色调、民间艺术的古朴典雅都可以给人无限的设计灵感。灵感型设计思维灵活性强，应用面广，要充分挖掘设计潜能，提高思维水平，来满足我们需要的独创性设计。

灵感，是无意识中突然兴起的神妙思维想象，是因情绪或景物所引起的创作激情。然而，"得之顷刻，积之平日"，就像服装想表达自然朴素的风格，材质则多为棉、麻面料；浪漫风格的大多是薄而透明的纱、蕾丝、花边材质；前卫风格的则增加金属、塑料等非纺织材料。这种看似突如其来，但绝非偶然孤立的联想，是创造者在某个领域长期积累知识的过程中而闪现的领悟。

因此，设计源于灵感，灵感源于借鉴，灵感在艺术创作中具有非凡的意义。从构思的确立、风格的展现、设计的创意都因灵感而生，因此，面料再创造活动的开端也是由于灵感而发生。

（一）自然世界

人类"日出而作，日落而息"，自然界中的每一处景象都是设计者的灵感源泉。可以说，面料最初的设计构想就来源于自然界的动物和植物提供的视觉、触觉造型等元素。自然界的各种生物给予了人类源源不断的灵感与启示——日月星辰、雨雪露霜、岩石沙砾、动物毛羽、自然植皮、海洋生物等都是我们最初的灵感源。长期以来，来自大自然的灵感

图4-7　自然世界灵感图片（选自《国际纺织品流利趋势》）

图4-8　姐妹艺术灵感图片（选自《国际纺织品流行趋势》）

渐渐地反映在服饰设计中，因而产生了极其美妙的效果（图4-7）。

（二）姐妹艺术

绘画、音乐、舞蹈、戏剧、雕塑、建筑、电影、摄影、装置艺术等都具有丰富的内涵，并且都有各自的表现形式。线条与节奏、抽象与旋律、空间与立体、平面与距离、声音与影像、齐整与错落等，无一不是面料再造的主要灵感来源之一。例如，日本服装设计师三宅一生的服装设计灵感曾来自雕塑，他用定型技术将织物塑成各种造型，此类服装设计还一度引导了服装设计的潮流。其实，他们的成功并非意外，从某种角度来说，把他们引向成功的是他们把姐妹艺术运用到了极致。当吸取某种艺术形态的表现手法，准确和谐地应用到实践活动中去，其意外效果就会应运而生（图4-8）。

（三）民族传统

世界上每个民族都拥有自己独特的文化。而人类的好奇心促使我们对其他民族的文化产生浓厚的兴趣，这样各民族之间才有心灵上的沟通及文化上的渗透。所以在服装面料设计中借鉴民族服饰的作品屡见不鲜，传统的民族服装为面料的创新带来了创作的源泉（图4-9）。例如，中国的苗族、景颇族的银饰、非洲土著民族的草编质感服装以及面、体、肌肤的文身等，都受到了设计者们的钟爱。

（四）科技发展

借助新颖的纤维材料和相关的技术手段，来改造面料的表面效果，这是设计者的努力方向。同时，科学技术进步和发展

图4-9　民族风格灵感图片（选自《国际纺织品流行趋势》）

的成果为设计者们提供了必要的条件和手段。例如，从涂层面料的出现到被广泛地应用于其他领域；从卷土重来的漆皮制服饰品，到面料表面强烈的反光效果与醇厚浓烈的色泽的表现，与棉、麻等亚光面料表面粗犷风格产生了强烈反差等，都蕴含了科技内涵发展的成果（图4-10）。

（五）日常生活积累

在色彩缤纷、包罗万象的日常景象中，到处存在着设计灵感的来源。如旧墙上的斑驳纹样、树木中的年轮肌理、纸张的揉团效果、网绳的交错曲线、风起云涌以及电闪雷鸣的自然现象等。只要用心观察，我们就能捕捉到生活中任何一个可以激发灵感的闪光点（图4-11）。

只要设计者把握相关的灵感源，那么设

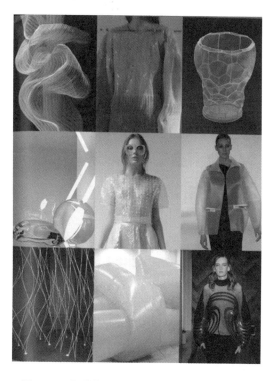

图4-10　高科技改造手段下的面料效果（选自《国际纺织品流行趋势》）

计构思就会源源不断，然后确立设计方向，进一步实践应用会获得良好的效果。当然并非每一种灵感源都能发展成设计现实，创造性活动需要对众多可用灵感进行一定程度的重组、取舍、开发和运用，只有这样，设计灵感就会慢慢地应约而来，深入性的工作方案才能逐步地推行进展，直到再创造活动逐步完成。

图4-11　日常生活灵感源图片（选自《国际纺织品流行趋势》）

二、面料再造设计的表现

面料设计方法，常用的有印染、刺绣、编织等，而最能体现设计者创造力的是采用恰当的方法对已有面料进行"二次艺术加工"。对面料二次艺术加工的基本思路是将面料的肌理、性能、纹样等元素打散、解构、再重组，形成新的肌理、肌理对比及重新造型。在实际运用中，面料再造的创作方法大致可以归结为加法、减法、变形法及综合法四种。

运用这四种方法进行面料再造，首先要了解面料再造所用材料的结构、品种、性能、风格、特征、肌理、可改造的"空间"。其次，要掌握传统的棉、麻、毛、丝等天然纤维面料和化学纤维面料的服用性能，同时，还要注意运用技术手段和运用其他材料对面料加以改造，可能会产生令人意想不到的效果。例如，树脂、涂层、陶瓷、金属、泡沫等新材料的质感、光泽、硬度、韧性、颜色、触觉等特点对再造效果的影响需要我们去一一实践。我们根据设计需要进行选材，将材料性能与面料再造设计的应用需求相结合，这样才能最大限度地设计出适宜人体需要的服装。

十几年前"兄弟杯"的获奖作品《青铜时代》是面料再造的经典作品，经手工处理的祥云纱褶呈现在全国美展服装展中，多件获奖作品都将面料化平凡为神奇。这是由摸索尝试发展到感观的震撼，这是由面料性能的改善带来的服装设计理念的革命。服装面料再造设计从面料的原始再造到复合再造，再到外观再造，直到发展为现代设计再造，即有了主题的设计再造。例如，从羽绒服面料的原始填充式，到薄型面料复合在厚型面料上形成融合两种面料性能的新式面料，再到通过在面料上堆砌折叠、镂空、缝制图案的装饰材料进行外观再造，最后才发展成为一个新的羽绒服面料设计。服装面料再造的核心是注重面料肌理、服装造型和人体关系的人文设计，并融合了现代面料特性和高科技的工艺技法，使肌理形式进行了丰富地变化，从而使服装充满了面料再造设计的生命力。在这里，技法创新是关键。例如，廉价的面料经过三宅一生的处理成为奢侈品，并有着高级时装的昂贵价格。这便凸显出了技法创新的重要性。

服装面料再造设计主要是运用增加、减少、变形与解构等综合方法对原有材料进行艺术加工，形成装饰肌理，给人特殊的视觉效果。

三、影响服装面料再造设计的因素

由于服装面料再造的手法多种多样，设计者可以根据需求，运用不同的手法对面料进行再造，创造出特定风格的服装造型设计作品。

服装用面料第一次成型经过了坯布→烧毛→煮炼→漂白→染色（或印花）→后整理→成品这一系列的工艺流程。在此基础上，可以进行其他的面料再造。例如，用两种或两种以上的面料进行物理复合再造，以形成另一种新型面料。在面料上堆砌、做褶、拉须、折叠、镂空、缝制各种艺术图案，并用珠片、闪亮饰片、金属管等对原有面料进行创造性地再加工，使面料的性能和外观发生变化，同时，使其风格与服装造型有机地融合在一起。

要成功地完成面料的第二次再造，需要掌握好其基本要素。

（一）服装材料的运用

服装材料是服装面料再造的第一要素。因为不同的材料具有不同的特性，所以首先要对面料进行合理的再次设计，而这关键是要把握好决定材料的类别、特性等因素。如面料由不同种类的纤维混纺（或同种纤维的纺纱），它们的肌理、结构及物理、化学性质所表现出的视觉效果是有差异的。同材质，同肌理，不同的工艺手法对面料地再造，与不同材质、不同肌理、不同工艺手法对面料地再造，会出现两种风格截然不同的感觉（图4-12）。服装材料为面料再造创新提供了载体基础，面料再造又升华了服装材料的艺术设计要素。不过，新型材料在面料再造创新运用中还需要进一步的实践。

图4-12 同种面料、不同工艺手法的服装表现（选自《国际纺织品流行趋势》）

（二）服装面料的空间效果

服装面料的空间效果也是服装面料再造的重要视觉效果之一。服装面料的再次加工经常是将面料的二维形态转化为三维形态。加工前，须对面料构成及各种材料组合后的立体效果进行研究，采用适当的处理方法，以满足设计要求的空间效果。如对面料堆砌、褶皱等所呈现的立体效果常常是令人称奇的（图4-13）。

图4-13 对面料堆砌、褶皱等呈现的立体空间效果

（三）服装面料的处理技法

要想使服装面料最终达到服装设计者所希望的效果，掌握面料二次设计的手法是至关重要的。面料二次设计的处理技法繁多，主要有镂空、剪切、抽纱、披挂、层叠、堆砌、

挤压、撕扯、刮擦、烧烙、黏贴、拼凑、编织、绣缀、手绘等（图4-14）。

图4-14　采用披挂、层叠、堆砌等方法进行创意再造的面料
（选自《国际纺织品流行趋势》）

（四）服装面料再造的色彩

　　要想在服装面料再造中恰如其分地对色彩进行应用，首先要熟悉色彩、色相、明度、纯度的基本属性及它们之间的相互关系。对色彩的运用，通常是以单色系或者是多色系综合的色彩应用。

　　单色系是以服装的基础面料进行的面料再造，或者通过添加同色系的其他手法进行再造。单色系的色彩应用，在色彩上的表现难免会较为单一，但同时此面料再造的作品不会给人视觉上的混乱（图4-15）。

　　多色系，通常是将多种颜色、多种属性色彩相互进行融合。服装面料再造的多色系应用可以表现在类似色和对比色上。类似色的色彩比较柔和，表现的面料再造肌理较为活泼，不拘谨，比较有内涵，还可增加面料再造的层次感。对比色的配色难度稍大一些。因为一旦运用不当，很容易使面料再造的肌理与服装产生无序的感觉，但如能掌握得当的话，此种处理更能突出、强调服装风格（图4-16）。因此，无论用哪一种配色方式，设计师都需要精心设计思考，其设计重点是如何强调、突出面料再造在服装的风格中的应用（图4-17）。

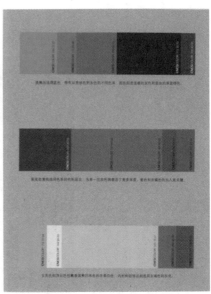

图4-15　单色系面料混色处理（选自《国际纺织品流行趋势》）

图4-16　多色系面料的配色处理（选自《国际纺织品流行趋势》）

（五）面料再造的方法

面料再造的方法一般都是靠手工或半机械化工艺来完成。根据服装设计总体的要求，采用不同的手法，使用可以使面料再造呈现出不同的肌理效果，来满足设计的不同要求。

面料再造的方法种类繁多，我们将着重介绍下面这五种方法。

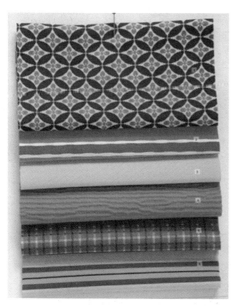

图4-17　面料色彩的渐变效果（选自《国际纺织品流行趋势》）

1. 面料再造的加法处理

面料再造的加法处理应用在服装设计上表现为增型效果，通过缝、绣、钉、贴、挂、黏合、热压等各种装饰手法在现有材质的基础上设计添加肌理，运用物理和化学的方法改变面料原有的形态，从而改变服装原有的视觉和触觉效果。它可以使面料形成立体（如浮雕）的肌理效果；也可让现有面料经过改造呈现出繁复多变的质感效果，从而为服装设计拓展更多的创意空间提供了可能（图4-18～图4-20）。

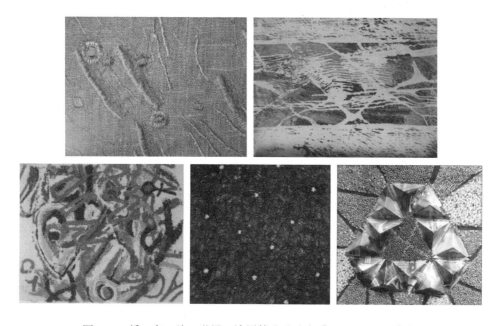

图4-18　绣、印、绘、黏烫、涂层技法（选自《Drawn to stitch》）

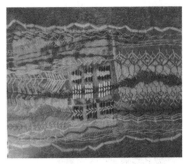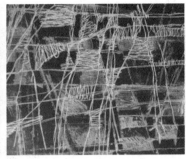

图4-19 绗缝、皱缩缝、扎染技法（选自《Drawn to stitch》）

图4-20 面料的加法处理

2. 面料再造的减法处理

从制作工艺来看，各种面料都可以使用减法进行再造，也可称为破坏性设计。使用较多的是在基础牛仔面料上，利用抽纱、镂空、烧烙、撕、磨、腐蚀等手工方法，或者水洗、石磨、漂染、喷砂等后整理工业技术，去除面料的部分材料或者破坏局部面料，使原本完整的面料注入一种看似"破坏"的效果，使再造面料产生一种独特的残缺美的设计方法。

面料的破坏性设计（图4-21）是将完整的面料，用切割、挖洞、撕破、镂空、撕碎、扎结、烧灼、毛边、沾色等"破坏"方法，留下一种人工破坏的痕迹，创造一种残缺美。

服装面料的破坏性设计主要采用挖花、剪花、镂空、激光等方法对材料整体进行破坏设计；对皮、毛、布等进行切割，产生有规则、整体性破坏；用手撕的方法使材料产生随意的肌理效果；将底布的经线或纬线抽纱后加以连缀、形成透空的空洞花纹；针对面料的

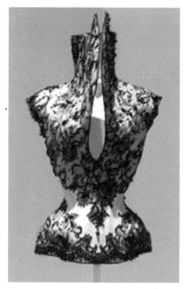

图4-21　面料的破坏性设计

物理性能，经过化学腐蚀产生缩绒、起球、变色等现象；利用水洗、砂洗、磨毛等手段，使面料产生磨旧的艺术风格（图4-22）。

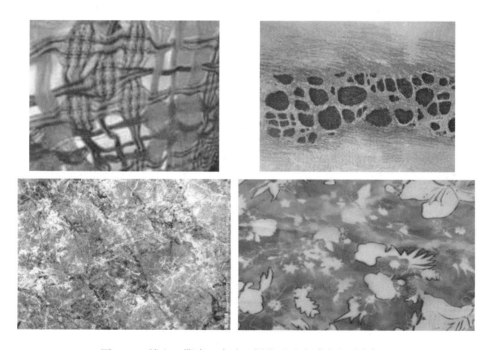

图4-22　镂空、撕磨、水洗、烂花（选自《疯狂时尚》）

服装面料的破坏性设计是按设计构思去掉现有面料的一部分，使服装产生更丰富的层次感（图4-23）。

图4-23　服装面料的减型设计（选自《疯狂时尚》）

3. 面料再造的变形、扭曲处理

变形法再造是指从基础面料上将整块面料进行折缝、缩缝、扎结、填充、缠绕、热压、物理变形等处理，使其形态和造型发生变化，产生规则或不规则的立体造型、浮雕感造型的设计方法（图4-24）。变形设计一般不增加和减少面料使用。变形法包括双层、多层面料用多种方法折叠；对材质加以外力使其变形、拉伸或挤压形成人工卷花、立体布

图4-24　变形再造（凌雅丽作品）

纹等。服装面料再造的工艺技法具有一定的经验性，要考虑材料的性能和加工方法所能起到的作用，因材施技。不同材料的不同加工工艺，如折叠、凿钻、剪切、烧烫、拼贴、镶嵌、拧绞等，不断创新技法，注重综合性、特殊性、可操作性的工艺手法。

其他变形法也可以将面料和另一类面料之间加入填充物后进行均匀绗缝或者有选择地在图案部位进行缉线；根据不同类别纤维的不同性质进行抽纱、物理变形等处理使之产生卷花效果；利用抽褶、缩缝处理，将面料进行单向或多向的抽缩、缝缩，产生各种褶皱的视觉平面效果或立体效果。

服装面料的变形设计，最具代表性的是通过物理外力的作用对面料进行挤压或拉伸，使其形态发生变形，产生自然立体的多种褶皱立体造型（图4-25、图4-26）。

图4-25 面料的变形设计（选自《疯狂时尚》）

图4-26 变形、扭曲法设计（选自《疯狂时尚》）

4. 面料再造的组合、拼编处理

面料的组合法再造是指相同或不同的服装面料、材料通过钩、织、编、拼缝、叠加、堆积等方法，使原本的面料或材料发生从线到面、从面到立体的组合变化，从而实现面料的再造过程。

（1）叠加、堆积组合设计。将基础的牛仔面料与同种或多种材料进行反复重叠，使之形成丰富层次的叠加法；将一种或多种材料堆积、装饰在基础牛仔面料上，形成立体效果的堆积法等，也是牛仔服装面料再造中常用的一些组合方法（图4-27）。

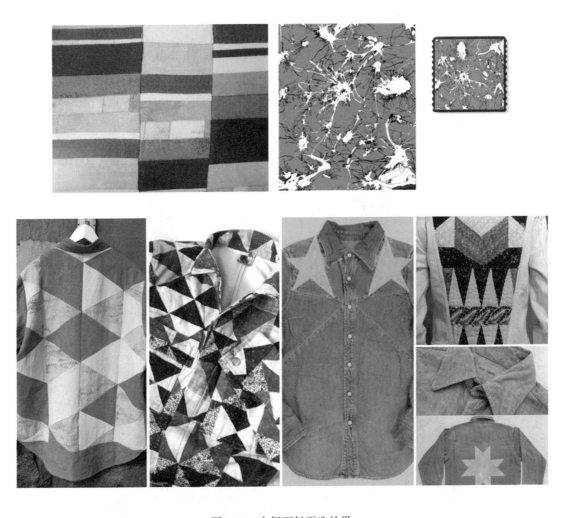

图4-27　牛仔面料再造效果

（2）服装面料的钩编设计。面料的钩、编、织设计是指采用纤维制成的线绳、带、花边通过编结、钩织等各种技巧，形成疏密、宽窄、连续、凹凸组合变化，直接获得一种肌理对比变化的美感面料（图4-28）。

图4-28　钩、编、织面料组合设计（选自《国际纺织品流行趋势》）

5. 面料再造的综合处理

目前，服装面料再造技法中较多的是使用多种技法组合在一起，从而设计出各式各样的新颖的富有变化的再创面料（图4-29）。运用综合法的再造面料不仅有丰富的层次感、细节感，同时增加了不少的附加价值。未来面料及服装设计的发展趋势也是多种技法的综合应用。

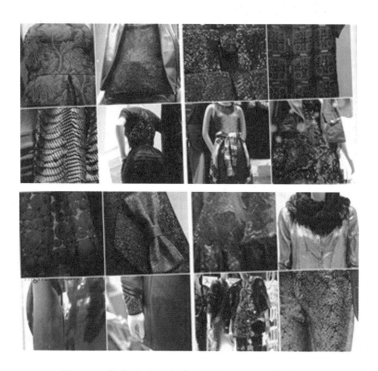

图4-29　综合法（选自《国际纺织品流行趋势》）

　　面料的综合设计采用的技法有剪切和叠加、绣花和镂空等同时运用，使面料的表现力更丰富。目前，这种方法被设计师广泛应用，根据不同的服装设计要求，选择相应的面料二次设计方法（图4-30）。

图4-30　面料的综合设计（选自《国际纺织品流行趋势》）

第三节　面料再造与服装设计

　　服装流行模式具有周期性与反复性，但由于人们追求新颖创新的心理，因而不会满足服装一成不变的重复。对面料而言，面料再造设计的新颖与独特性成就了服装新的生命力，给服装的流行打下了基础，这就是变的"内涵"。服装设计师对面料进行二次改造，以及对服装款式的设计，作为设计中的创意设计点，这两者需兼备，这是服装设计师所面临的新挑战。

一、服装面料再造与形式美法则

　　服装面料的再造设计可以借鉴三大构成中的构成原理。根据"构成"的造型概念，可将不同形态、不同材质的元素重新组构成一个新的单元，也可以将材料分解为多个元素，进行打散、重组。我们需要灵活运用重复、渐变、对比、协调、对称等形式法则，以此创造出新的面料肌理效果。

1. 对比与调和

当两个或两个以上的构成要素之间彼此在质与量的方面形成对比，同时又能够协调地融合，这可以称之为对比调和（图4-31），它是几种元素共性与个性的融合。在面料设计中可以利用裁剪、钉缝和分割等方法处理面料；利用一些具象或抽象、大或小、明亮或暗淡、厚重或轻薄、粗或细、褶皱与光滑、透与不透的元素进行对比处理；或者利用镂空、燃烧、抽纱等破坏性手法，进行虚与实的对比处理；通过与其他面料的叠加，形成完整与残缺的处理；或者利用其他材质的珠片、羽毛、毛线、纽扣的添加，使之形成相对稳定的状态，达到统一的效果。

图4-31　对比与调和（凌雅丽作品）

2. 比例与分割

比例是部分与部分、部分与全体之间的数量关系。服装面料的分割与比例设计，都要以人体自身的尺度为依据，根据人体活动的特征，将合理的分割运用在面料中，使人体的比例更加完美。比例分割的主要方法是对原有面料进行打散重组，将其分割成不同的个体，它可以为等分的元素或不相等的元素，并对该个体进行重组，在形与形的边缘可以通过刺绣、绗缝进行线迹的装饰，强化形与形之间的视觉效果（图4-32）。

3. 统一与变化

统一与变化是设计中重要的形式美法则之一，这是相对而言的。在运用过程中强化视觉构成要素的共性，减弱它们的差异性，来求统一；反之，以求变化。

图4-32　比例与分割（选自《国际纺织品流行趋势》）

　　在面料设计中，我们可以根据面料的材质、肌理、色彩的不同，运用各元素的形态变化构成新型面料。通过不同面料之间的差异与变化，来调节整体效果以达到统一与变化的和谐状态。例如，对设计元素较单一的面料，可利用用面料进行加减法的处理，通过裁剪破形方法，使整块面料上形成自然卷曲或镂空的点状形态，同时以该元素做反复的重叠重组，并进行适当的形状、大小、色彩的改变，这样就能够在原有统一但略显单板的面料上产生丰富的视觉元素变化，使面料最终达到即具丰富性而又统一的和谐视觉美感，这是我们通过面料改造以求达到的效果（图4-33）。

　　4. 节奏与韵律

　　节奏与韵律原本指音乐中的变化与声韵，使人感受到一种具有规律性的律动感。在平面构成设计中，通常会将单纯的元素，进行富有变化性的重复运用，使之产生音乐中韵律之美。在面料再造设计中，通过对面料形态、大小的改变，使之形成等比数列、等差数列的渐变形式，然后根据服装款式的独特性进行有序的组合：通过对面料中几种颜色的重复变化；或将颜色的深浅由上至下、由下至上进行过渡性排列；亦可以通过褶皱的粗细变化、花纹的繁简变化、装饰元素的材质变化等加以表现（图4-34）。

图4-33 统一与变化（选自《国际纺织品流行趋势》）

图4-34 节奏与韵律（选自《国际纺织品流行趋势》）

5．对称与均衡

均衡既可以是调和均衡，也可以是在不对称中求平衡。在面料再造设计中，通过对服装材料进行统一的纹理、色彩、装饰的设计，在后期的服装成品中基本就能够达到对称式的均衡。但事实上，调和均衡和不对称均衡也不是完全对立的调和均衡，也可以将其称为不对称均衡，面料运用于服装成品后，并不会呈现出左右、上下的完全对称。在面料的设计中，通过打散重组、破坏添加、刺绣绗缝、色块拼接等设计手法进行面料的随意构造，重点是将面料进行无规律的创新设计，虽无重复、无韵律、无节奏，但是会增加一份愉悦轻快的随性之美（图4-35）。

图4-35　对称与均衡（选自《国际纺织品流行均衡》）

二、服装面料再造的工艺技法

面料再造的设计方法有很多种，一般所采用的方法是在现有服装面料的基础上对其进行剪、挖、绘、绣、缝、烧等工艺技法。多数是在服装局部设计中采用这些表现方法，也偶有用整块面科的。

1. 服装面料的染整设计

作为面料再造的方法，印染设计主要指染色和印花，包括传统意义上的蜡染、扎染、手绘，以及电脑喷印、数码印花等现代印花技术（图4-36）。

图4-36 2015春夏面料印花流行趋势——数字印花技术

2. 服装面料的复合性设计

面料的复合性设计是运用联合、综合、整合等手法把不同质感、不同花色的面料利用各种手段拼缝在一起，在视觉上形成混合与离奇的效果，以适应不同服装的设计风格（图4-37）。

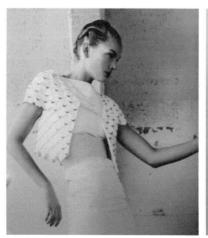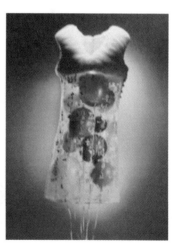

图4-37 面料的复合性设计（选自《疯狂时尚》）

三、面料再造服装设计

1. 运用再造面料进行服装设计（图4-38）

当服装设计中的面料与再造相遇，那么服装设计的重点则变成了面料自身而非款式造型。再造的面料使服装款式设计更富有艺术感染力，使设计档次与内在价值得到了充分的展示，再造的面料效果也使服装得到"升华"。

图4-38　面料再造与成衣（凌雅丽作品）

2. 运用再造面料点缀服装（图4-39）

再造后的面料往往都具有生动、立体、丰富、变化的多样性特征。再造面料用于时装设计时，若把它置于服装的某一部位，则能起到画龙点睛的作用。尤其是在高级时装中，局部的服饰点缀，与时装款式交相呼应，产生另一种和谐的美感，即成为设计的焦点与重心，并产生强烈的个性特色和视觉冲击力。

图4-39　运用再造面料点缀时装（凌雅丽作品）

3. 运用再造面料搭配服饰饰品

随着社会经济的发展与时尚潮流的更迭，作为服饰配件的帽子、包袋、鞋袜等服饰品，在增强服饰的整体形态演绎中，其角色也发生了很大的转换，已转换成与主角同行，扮演着与服装同等重要的角色，成为了服饰整体形象的点睛之笔（图4-40）。

图4-40　Philip Treacy帽饰设计

服装面料的再造是科学技术与艺术设计融为一体的"写照"也是设计传达的一种感觉、一种哲学、一种理念、一种潜意识的"集合"，它成就了服饰设计多元的表现"语言"，也是纺织设计的精髓和核心，是产业发展的基础要素之一。同时，也是面料设计专业工作者的责任。

思考与练习

运用本章节所讲授的面料再造设计技法知识，选择一种表达媒介，进行面料再造设计并尝试着制作成品。

应用设计——

服装面料的应用设计

> **课程名称：** 服装面料的应用设计
>
> **学习目的：** 通过本章的学习，要求学生能了解并能针对不同季节、不同年龄、不同场合的服装来使用恰当的织物面料；要求学生了解并掌握服装面料在色彩应用和搭配方面的要求；要求学生了解并熟悉服装与服饰配件的搭配及应用。
>
> **本章重点：** 本章重点讲述不同季节、不同年龄、不同场合的服装对面料的要求。
>
> **课时参考：** 32课时

第五章 服装面料的应用设计

第一节 服装面料的应用设计

一、服装用面料概述

服装面料的应用不同季节的服装，使用的面料是不相同的。按照穿衣的季节，可将服装分为春装、夏装、秋装和冬装；按年龄来划分服装有童装、青年装、中年装、老年装，不同年龄层对服装面料的需求是不一样的；按性别来分，可分为男装、女装。不同年龄、性别在不同季节、不同场合穿着的服装对面料的种类、色彩、图案要求是有差异的，这是需要我们关注和研究的。

（一）四季常用面料

1. 春季用面料

初春接着冬季的尾巴，乍寒还暖，衣着面料应选用毛精纺织物，如驼丝锦、贡呢、花呢、哔叽、华达呢；粗纺呢绒，如麦尔登、海军呢、海力蒙；化纤毛型织物和各类混纺毛织物（毛的比例少于50%），如中长花呢、华达呢、细条灯芯绒等面料；各种纯棉织物以及棉、麻和各种比例的混纺织物（图5-1），都是做春季服装的理想面料选择。

（1）驼丝锦（doeskin）（图5-2）原意为"母鹿皮"，寓意为品质精美。它有精纺和粗纺两种，织物重约321～370g/m²，驼丝锦是细致紧密的中厚型素色毛织物，适宜制作礼服、上装、套装、猎装等。

图5-1 春季服装

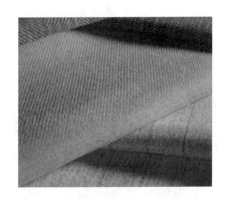

图5-2 驼丝锦

（2）贡呢（venetian）（图5-3）是用精梳毛纱织造的中厚型紧密缎纹毛织物。织物重约260～380g/m²，适于作礼服、男女套装面料。

（3）花呢（fancy suiting）（图5-4）是采用起花方式（如纱线起花、组织起花、染整起花等）织造的一类毛织物。

图5-3　贡呢

图5-4　花呢

（4）哔叽（serge）（图5-5）含义是"天然羊毛的颜色"。哔叽是用精梳毛纱织造的一种素色斜纹毛织物。其呢面光洁平整，纹路清晰，质地较厚而软，紧密适中，悬垂性好，以藏青色和黑色为多。适用作学生服、军服和男女套装面料。

（5）华达呢（gabardine）（图5-6）又称轧别丁，是用精梳毛纱织造，有一定防水性的紧密斜纹毛织物。适宜制作雨衣、风衣、制服和便装等。

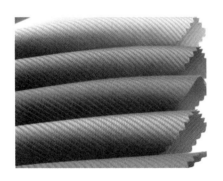

图5-5　哔叽

图5-6　华达呢

（6）麦尔登（melton）（图5-7）是用细支散毛混入部分短毛为原料纺成的斜纹组织，经过缩绒整理而成的品质较高的粗纺毛织物。

（7）海军呢（Novyclot）（图5-8）因世界各国海军用这种呢绒制作军服而得名。它是粗纺制服呢类中品质最好的一种，呢身平挺、细洁。该织物还适宜于制作秋冬季各类外衣，如中山装、军便装、学生装、夹克、两用衫、制服、青年装、铁路服、海关服、中短大衣等。

图5-7 麦尔登

图5-8 海军呢

图5-9 海力蒙

（8）海力蒙（Herringbone）（图5-9）是属于厚花呢面料中的一种，因其呢面呈现出人字形条状花纹，形似鲱鱼胫骨而得名。适用制作男士外套、裤子等。

2. 春末夏初用面料

春末夏初季节服装，多有运用各类纤维织成的提花面料、色织格子面料、牛仔面料、弹力面料等，一般用于制作内衣或休闲服装为主。

（1）提花面料（图5-10）是在面料织造时用经纬组织变化来形成花纹图案。提花面料花型逼真、风格新颖，使用纱支精细，因而对原料棉纤维要求较高。该织物可分为梭织、经编提花和纬编提花织物。纬编织物的横、纵向拉的时候有很好的弹性，手感柔软。经编和梭织提花横、纵向拉是没有弹性的，手感较硬。它是既有全棉交织，又有涤棉交织的面料。

（2）色织格子布（图5-11）是用事先染好的纱线再纺织成布的色织物（织成白坯布然后印染的叫白织），常被用作衬衫面料。适宜作春装的色织格布，可分粗格、细格、单色格、复合格。同色或不同色，还可以进行不一样的组合。素色格子布的色彩比较典雅、清新；色织彩格布柔和、明快、舒适、惬意。

图5-10 提花面料

图5-11 色织格子布

（3）牛仔布（Denim）（图5-12）始于美国西部，因放牧人员穿着的衣裤而得名。它是一种较粗厚的色织经面斜纹棉布，经纱颜色深，一般为靛蓝色；纬纱颜色较浅，为浅灰或煮练后的本白纱。牛仔面料，织物纹样各异，有菠萝格、提花牛仔布、针织牛仔布等。用轻、薄、软的牛仔面料制作的牛仔装更为时尚、舒适，也为众多男、女性，老、中、青等人群所喜爱。

（4）印花布（图5-13）指通过滚筒印花、圆网印花、数码印花等方式，针对不同的纤维，使用不同的染料，印制出各种花纹图案的面料。主要适合制作各类衬衣、裙装，也可作为外套面料。有全涤、棉涤交织、纯棉提花、纯棉常规染色面料、纯棉印花面料，纯棉纱卡、纯棉府绸等品种，都是春季服装的理想面料。

图5-12　牛仔布

图5-13　印花布

3. 夏季用面料

夏季服装使用薄型面料做服装居多，主要有纯棉、薄纱、雪纺、缎面、丝、棉纤交织等织物。如涤纶雪纺花型风格的喷织印花，各种红、绿小花卉纯棉印花面料，米白底花纹或黑田字格等花型混纺印花面料也常有使用。这些面料是女性夏令时节较合适的休闲套装、套裙、休闲衬衫、简易风衣、短装、短裙、连衣裙等时装面料。这些面料以不同纹样，款式风格各异，不断翻新，备受女性的欢迎。而男士多以高支高密的府绸制作正装长袖衬衫、纯棉、混纺的斜纹织物作休闲衬衫、针织T恤，以纱罗等薄织物为主短袖衬衫和薄型外套。运用的色彩除了男性服装的经典色外，目前男士往往采用中性色和有花纹图案的面料做服装，以示独特的个性（图5-14）。

图5-14　男士夏装

4. 秋季用面料

秋季服装（图5-15）以西装、风衣、夹克等外套服装为主，内衣与春季服装相似。因此，面料一般以精纺、粗纺（纯毛）呢绒、毛涤面料、毛黏面料、毛黏斜纹呢（含毛

10%～20%）各类薄型、厚型织物。

男性服装色彩多以黑色、灰色、深藏青、褐色等为主，但也常有时尚男士穿着色彩鲜艳的外套。女性服装色彩常用玫红、大红、宝蓝、黑、白等亮色面料。但目前，女性更多喜欢能体现自己个性和流行的色彩。适合大众化消费者服装的色彩有藏青、金黄、米色、杏色、金米色、宝石红色、黑白双色等。

5. 冬季用面料

冬季服装主要有大衣、毛针织衫（毛衫）、羽绒服（图5-16）、厚型棉内衣等。使用各类精纺、粗纺呢绒面料用以制作大衣用面料，使用纯毛、混纺毛线编织针织毛衣。有些秋季外套用的面料在冬季也常被使用。羽绒服是御寒较好的服装，面料则用防水型涂层（覆膜）以及轧光面料，它具有密度高、防水、保暖的功能。近期，研发的PTFE（四氟乙烯面料）透气防水面料是很好的羽绒服面料。冬季的内衣，如衬衫、棉毛衫基本使用纯棉织物制作。

图5-15　女士秋装

图5-16　羽绒服

二、童装、老年装面料应用设计

儿童、老人是两个特殊群体，他们的服装除了常规功能要求外，还有年龄的特殊需求。

1. 童装

童装可分为婴儿装、幼儿装、少童装等。

由于儿童的皮肤娇嫩，所以服装在面料材质上，首先要选择适应儿童细嫩娇柔的肌肤，按国家标准要求对童装面料进行选择。如儿童用面料，根据国家强制性标准，面料的甲醛含量为0，且手感柔软、吸湿透气性强的天然纤维面料。同时，面料的视觉设计要符合儿童生理、心理需要，如色彩、图案的设计要有童趣（图5-17）。在材料设计方面，以舒适性、透气性、耐磨性等为优先考虑的因素。

（1）由于婴儿的皮肤非常柔嫩，排汗量大，大小便排泄频繁，因而婴儿装的面料以柔软、耐洗涤、吸湿与保温性能良好的棉、毛织物为主，如细平布、泡泡纱、毛巾布、精纺毛织物、法兰绒等天然纤维材料。

（2）幼儿装以柔软结实、耐洗涤、不褪色的平纹织物、府绸织物以及毛织物或混纺交织物等面料为宜，还应注意选用质地柔软的织物，夏季注重吸湿性，冬季选用保暖性好、重量轻的面料。

（3）少童装讲究柔软、宽松、易于穿脱、便于活动。所以，面料应尽量选用牢度好、舒适、耐洗涤、不褪色、不缩水的面料。夏季可用吸湿和透气性较好的细平布、色织条格布、泡泡纱（图5-17）等，冬季和春季可选用厚棉布、卡其及各种混纺织物。

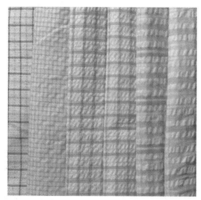

图5-17　泡泡纱与童趣图案

童装面料的中性色调始终主导着童装面料的色彩，例如，红色系列中柔和的桃红色、鲜嫩的粉红色，浅淡的中明度橙红色与之相互交映，蓝色系列中柔嫩的浅蓝色也成为主流色彩。在注意色彩的应用时，还要关注儿童面料的时尚趋势，让孩子们也能从小领略时尚的要素。

2. **中老年服装面料设计**

目前，中老年人对服饰、仪表的要求也是与时俱进，不同的身份、经历使他们具有不同的审美情趣。因此，总体概括中老年人群对服装的选择是：以端庄文雅的传统风格融入现代人所崇尚的简洁、大方、实用、自然的服装为主。同时中老年人群对于服装的要求，已经一改过去要求耐穿、价廉，而是要服装能够和自己的身份、生活环境相融合，要能体现自己的个性和爱好，以及他们对美的认识和自己人生的阅历。他们喜欢的面料，以舒适、柔软、透湿透气性能强的天然纤维织物面料为首选。普通的化纤、混纺织物以其价格偏低、实用性强的面料，成为他们用以日常外套的面料选择。在选择面料材料时，他们会综合自己的体型、肤色、个性等因素来选择，如胖体型会选择薄厚适中、较挺括的面料；

瘦体型比较适合柔软而富有弹性的服装面料等。皮革类的服装是他们理想的冬季服装，但价格可能会影响他们的购买力。

在服装颜色选择上，中老年人适宜选与肤色相宜的色彩，这样可以使肤色显得年轻、健康。偏暖色调的浅色服装会使人的面部显得红润、明快。皮肤白的人选择色彩的范围较广，但面色苍白的人则不适宜穿黑色服装；肤色偏黑的人，一般应选择一些明快淡雅的颜色；肤色偏红者不要穿鲜明的深色服装；而面色偏黄的人不太适宜穿着大面积黄色调的服装。所以，中老年人群在选择颜色时，不只要强调个人的爱好，而要根据自己体型、肤色、喜好，整体协调选择面料色彩。如果体型有缺陷，可以考虑借助色彩和花纹图案掩饰缺点，例如，体胖的人最好选深色服装或竖条纹图案，瘦的人可以选浅而鲜的颜色或格子、横条纹的服装，胯宽的人下装应多采用深暗色的面料选择。

推荐几种中老年人较适宜使用的面料：

（1）尼丝纺（图5-18），为锦纶长丝类丝织物。它具有平整细密，绸面光滑，手感柔软，轻薄而坚牢耐磨，色泽鲜艳，易洗快干等特性，主要用作女士服装。

（2）涂层织物（图5-19），将黏合材料涂层在织物一面或正、反两面，形成单层或多层涂层的织物。主要用于运动服、羽绒服防雨派克、外套以及高级防水透湿功能的滑雪衫、登山服、风衣等。还可以做帐篷、鞋袜、窗帘、箱包。

图5-18　尼丝纺

图5-19　涂层织物

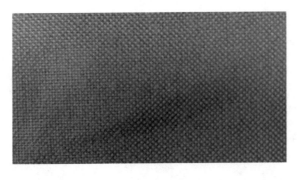

图5-20　巴拿马面料

（3）巴拿马面料（图5-20），双平双纬的方平组织，布面颗粒突出，似帆布，弹性好。有真丝巴拿马面料，涤棉拿马面等，根据需要可做各类男女服装面料。还可以做箱包、鞋帮面料等。

（4）轧别丁（gabardine）（图5-21），即华达呢。它是用精梳毛纱织造的紧密斜纹的毛料。手感厚实、外形挺括，根据用途有多种规格。如做男装，用紧密、滑挺轧别丁面料；女装用糯滑柔软、悬垂适体，织物较松的轧别丁面料。这种毛料穿后受磨部位，如臀部、膝盖等处因纹路被压平，纤维受到磨损，易产生极光。目前已用纯棉、涤棉、毛混纺面料，不再限于毛型织物了。

图5-21 轧别丁

（5）烂花织物（图5-22），是运用于化学纤维与纤维素纤纤维混纺的织物，它是用强酸性物质调浆印花，烘干后，纤维素被强酸水解，经水洗后便得到事先设计的凹凸的花纹。烂花织物除了用于服装面料外，还可以用于床上用品、家居用品。

（6）涤纶花瑶（图5-23），花瑶是指湖南省境内的湘西南腹地隆回县里的瑶族的一个分支，花瑶服饰独特、色彩艳丽。涤纶花瑶采用加捻涤纶丝，涤纶布是一个大类面料。它的特点：褶皱、滑爽。可以做春夏衣的面料（由于涤纶纤维的吸湿性、透气性较差，目前一般不用作内衣面料），也可以做秋冬季服装的里料。还可以做连衣裙面料、箱布面料等。

图5-22 烂花织物

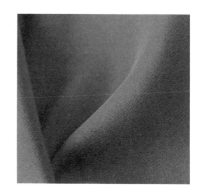

图5-23 涤纶花瑶

（7）乔其纱（图5-24），适于制作妇女连衣裙、高级晚礼服、头巾、宫灯工艺品等。乔其纱质地轻薄透明，手感柔爽富有弹性，具有良好的透气性和悬垂性，穿着飘逸、舒适。它不仅适宜女士制作休闲装，也是制作围巾的理想面料。

（8）丝绒（图5-25），是将织物表面绒毛割成平行整齐的绒毛，是有光泽的绒丝织物的统称。可以做女式休闲类服装，但以做晚礼服装为主，也是用于高端的裙料。

图5-24　乔其纱　　　　　　　　　　　　　图5-25　丝绒

三、各类服装主要款式用面料

1. 西服

西服，源于欧洲，它通常指男西式套装（图5-26）。西服有两件套（上、下装），三件套（上、下装和背心），单装（上、下装用不同材料、不同工艺、不同色彩）等多种组合。西服领有平驳头和戗驳头等不同款式，前身有单排扣与双排扣，为了活动方便，西服的款式还设有背开衩、旁开衩等。除了正装西服，目前还有休闲西服（图5-27），而且款式多样，色彩丰富。

（1）男式西服。男式西服（二件套或三件套装）（图5-28），面料以纯毛面料、毛/其他纤维混纺面料为主，在不同场合选用不同面料，款式为单排扣和双排扣。

通常正式的西装选用各类全毛精纺、粗纺呢绒面料。在正式场合穿着的西装用面料十分讲究，以光洁平整、丰糯厚实的精纺毛料为主，精纺织物如驼丝锦、贡呢、花呢、哔叽、华达呢等；粗纺织物如麦尔登、海军呢、海力蒙等，这些面料质地柔软、细密，厚薄适中，是男式西服非常好的面料选择。男西装（正装）除了以全毛精纺或粗纺面料为主

图5-26　正装西服　　　　　　图5-27　休闲西服　　　　　图5-28　男士三件套西装

外，含毛量在80%以上的混纺毛织物同样适用于做西服正装。

除正装西服外，对于其他类别的西装，如休闲西装可以用山羊绒（图5-29）、骆驼绒、兔毛等。除了纯纺面料，也多有日常穿着的西服使用混纺面料（图5-30），一般毛的比例少于50%。除此之外，也有化纤毛型织物如中长花呢、华达呢等，使用也较频繁，由于面料价格便宜，所以是有一定消费群体认可的面料。

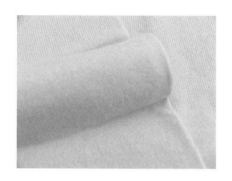

图5-29　山羊绒

图5-30　驼绒混纺面料

常见的男西服正装的面料有啥味呢、凡立丁等。下面简单介绍一下这两种面料：

啥味呢（semifinish）（图5-31）是用精梳毛纱织制的中厚型混色斜纹、轻缩绒整理毛织物。织物适宜于做裤料和春秋季便装。

凡立丁（valitin）（图5-32）又叫薄毛呢，是精纺毛产品中的夏令织物品种，采用平纹组织，其特点是毛纱细，密度稀，呢面光洁轻薄，手感挺滑，弹性好，色泽鲜艳耐洗，抗皱性能强，透气性好。它是良好的春季衣料中经纬密度在精纺呢绒中最小的面料。

图5-31　啥味呢

图5-32　凡立丁

（2）西装便服（休闲西装），可以选择棉、麻、丝等织物，亚麻织物（图5-33）、真丝织物（图5-34）、双面针织物（图5-35）等在单件西装中采用较多。

男式薄型西装，一般选用面料密度较小、手感轻软的精纺面料，如薄花呢、单面华达

图5-33 亚麻面料

图5-34 真丝织物

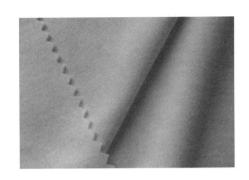

图5-35 双面针织

呢、凡立丁等；棉、麻、丝的混纺织物和化纤的混纺织物也适宜做薄型西装。

用棉织物及其混纺产品做成的西装是便装，麻织物、丝织物是西装面料中"异军突起"的材料。用麻、涤丝、涤棉、涤纶等纤维混纺的织物，既保留了天然织物的特点，同时又具有化学纤维的平挺、不易沾污的特点，选用此类面料制成的西装风格别样，而且价格适宜。

在各类档次的呢绒面料中，高、中、低档都可用于制作男式西便服，特别是涤毛织物，缩水率小、平整、光洁、平挺、不变形，制成的西装易洗、易干、耐磨、耐穿、免熨烫。各类仿毛织物、棉织物（如灯芯绒）以及各类化纤织物因其价格低廉，花式品种各具特色，也常用于制作西便服。

灯芯绒（图5-36）是割纬起绒，表面形成纵向绒条（像一条条灯草芯）的棉织物。灯芯绒质地厚实，保暖性好，适宜制作秋冬季外衣面料。

法兰绒（Flano，Flannel）（图5-37）一词系外来语，于18世纪创制于英国的威尔士。它是一种用粗梳毛（棉）纱织制的柔软而有绒面，其反面不露织纹，有一层丰满细洁的绒毛覆盖毛（棉）织物。它适宜用于制作各种大衣及毛（棉）毯。

（3）女式西服。女式西服一般选用各类精纺或粗纺呢绒来制作。精纺花呢具有手感滑爽、坚固耐穿、织物光洁、挺括不皱、易洗免烫的特点，是女西服的理想面料。常用的

图5-36 灯芯绒

图5-37 法兰绒

有精纺羊绒花呢、女衣呢、人字花呢（图5-38）等。花呢类是呢绒中花色变化最多的品种，有薄、中、厚之分。粗纺呢绒一般具有蓬松、柔软、丰满、厚实的特点，一般适合深秋或初春较为寒冷季节穿着，如麦尔登、海军呢、粗花呢、法兰绒、女式呢等。

女式单件西装要根据不同款式、造型风格选择面料。宽松型西装有较浓的时装味，其选料的范围较大，在不同季节、场合，可选用棉、麻、丝、毛等纺织面料。同时也可以根据个人喜好，选用其他面料，如窄条灯芯绒呢、细帆布、亚麻布、条纹布等棉、麻织物。对合体型西装一般多选用各类精、粗纺呢绒及各种化纤织物，如涤黏平纹呢、涤棉卡其、中长华达呢等面料。不同材质的面料，可以从不同角度表达女性的内涵。下面介绍一种独特的休闲西装外套的面料：

细帆布（canvas）（图5-39）是一种较粗厚的棉织物或麻织物。因最初用于船帆而得名。一般多采用纱支细、密度高、克重低的涤棉或者纯棉平纹组织，少量用斜纹组织，经纬纱均用多股线。帆布通常分粗帆布和细帆布两大类。可做各类时尚休闲外套、衬衣。

图5-38 女式人字呢西装大衣

图5-39 细帆布

2. 中山装

中山装（图5-40），作为国人推崇的常式礼服，它同时也承载着一种文化、一种礼仪、一份民族自尊和自豪感。作为礼服用的中山装面料宜选用纯毛华达呢、驼丝锦、麦尔登、海军呢等。这些面料的特点是质地厚实，手感丰满，呢面平滑，光泽柔和这些特点，与中山装的款式风格相得益彰，使服装更显得沉稳庄重。作为便装的中山装用的面料，可以是棉布、卡其、华达呢、化纤织物以及混纺毛织物，也可采用一般的化纤面料，这些类别的面料也可作为同属于中山装系列的军便服、青年服（图5-41）、学生装等。

春秋季中山装可选用毛哔叽、毛华达呢、板司呢等面料；夏季中山装可选用派力司、凡立丁、凉爽呢等面料；冬季中山装则可选用麦尔登、海军呢等面料。

图5-40　毛呢中山装

图5-41　青年服

3. 衬衫

（1）春夏季衬衫。春夏季衬衫包括男式正装衬衫、女式衬衫、休闲衬衫。

①男式正装衬衫（图5-42），春夏季男式正装衬衫，面料一般使用较华贵的真丝塔夫绸、绉缎、府绸等，全棉精梳高支府绸是男式正装衬衫用料中的精品。

②女式衬衫（图5-43），面料的选择根据用途而定，府绸（图5-44）、麻纱、罗布、涤纶花瑶、涤棉高支府绸细纺及烂花、印花织物等都是常用来制作女式衬衫的面料。质地轻柔飘逸、凉爽舒适的真丝织物也是女式衬衫的理想面料，真丝砂洗双绉（图5-45），表面有细密毛绒并具有砂石磨洗外观，穿着舒适、轻盈清爽。常用的面料还有真丝绸缎、软缎、电力纺（图5-46）、绢丝纺及各式棉、麻织物、化纤织物。

图5-42　男式正装衬衫

图5-43　女式衬衫

图5-44　府绸

图5-45　双绉

③仿男款女衬衫对面料质地要求和男式衬衫相似，高支麻织物、细纺也是仿男式女衬衫的很好的用料，日常穿用的仿男式轻薄女衬衫均选用纯棉或涤棉府绸、细布。

④休闲衬衫（图5-47），对面料的要求是质地坚牢厚实、柔软吸湿，通常选用丝光纯棉或涤棉混纺的方格布、华达呢、纯棉精梳丝光卡其、纯棉蓝斜纹布或牛仔布。牛仔布面料一般均经过石磨、水洗、预缩，并进行防缩树脂整理。运动

图5-46　砂洗真丝电力纺

休闲衬衫（图5-48）选择面料范围较广，棉、麻、丝毛、化纤都可使用，较高档的运动休闲衬衫可选择丝织物，如真丝塔夫绸、香云纱、双绉、软缎及电力纺等。

（2）秋冬两季穿用的衬衫，可以表现端庄、雅致，也可以随意、休闲，但前者要求织物平整丰满，厚实细密，柔软吸湿，耐洗经穿，而后者要求透气、吸湿、舒适。面料

图5-47　休闲衬衫

图5-48　运动休闲衬衫

主要选用毛织物、棉织物及混纺织物，如全毛单面华达呢、凡立丁、花平布、条格呢、罗缎、细条灯芯绒（图5-49）及薄型涤棉织物。

4. 夹克类服装

夹克衫分拉链式、揿扣式和普通钉扣式三种。其结构主要特征是两松两紧一短一多，两松指衣身、袖身宽松，两紧指袖口、底摆收紧，一短指衣长齐腰臀，一多指分割多。

（1）厚型夹克（图5-50）。深秋、冬季穿着的夹克常用毛呢、皮革等厚面料制

图5-49 细条灯芯绒衬衫

成。男式厚型夹克款式颜色随时尚而变，面料主要选择丰厚、大方、实用的毛型面料，高档夹克选用毛华达呢、哔叽及各种花呢，冬季穿着的夹克除了选用麦尔登、海军呢、粗花呢、法兰绒等厚实的粗纺面料以外还选用牛皮、羊皮等天然皮革材料，一些化纤面料，如涤纶织物以及针织面料也常为大众所选用。

对于秋季穿用的厚型女夹克，一般会选择手感厚实的中厚型织物。面料类型有各色粗花呢、法兰绒、花呢、华达呢、哔叽等毛织物。棉平绒、灯芯绒、细帆布、中长花呢、涤棉卡其（图5-51）、涂层织物、弹力织物、腈纶织物、涤纶等织物也是女式厚夹克的常用面料。

（2）薄型夹克衫。薄型夹克衫来源于运动服，是人们在非正式场合的着装（闲逛、走访、疗养、度假休憩）。薄型夹克衫可选择不同面料，选料时须注重色彩、质感。近年来，电脑绣花、镶拼等装饰手法也常运用于夹克衫的制作中。

图5-50 厚型夹克

图5-51 涤棉卡其

①男式薄型夹克（图5-52），可以选择挺爽、飘逸、轻薄的面料制成，可以使用高档面料，如真丝、斜纹砂洗面料、绢丝砂洗面料及麻织物等。也可以选用普通面料，如水洗布、纺绸及仿麻织物等。在其色调方面可以选择鲜亮些，也可选素色面、条纹、格子布料及印花面料。

②女式薄型夹克（图5-53），一般选用平挺、干爽、平滑、飘逸、悬垂性好的面料，可以选择品质好的丝、毛、麻织物，如砂洗真丝电力纺、真丝绸缎、双绉、全毛薄花呢、全毛印花织物及麻织物等；也可选择中低档面料，如棉型府绸、斜纹布及各种印花、提花织物和格调清新、纹理优雅的条格织物等。

图5-52　男士春秋薄夹克

图5-53　女士薄型夹克

③学龄前男童夹克（图5-54），面料以耐磨、耐脏、吸湿、透气、易洗、可穿性好的面料为首选，常用面料有平绒、灯芯绒、卡其布及双面化纤针织物。

④学龄男童夹克面料，强调质地好，耐洗、耐磨，并价格要经济实惠。常用的面料有涤纶华达呢、卡其、府绸、劳动布、坚固呢、细帆布等各种大众面料。

⑤学龄前女童夹克（图5-55），各种清雅秀丽的条格及印花织物，是学龄前女童夹克的理想面料，如罗缎、府绸、富春纺、牛仔布、卡其及中长、涤纶等中厚型织物。

图5-54　男童夹克　　　　图5-55　女童夹克

⑥学龄女童夹克，一般来说，学龄女童夹克在面料选择上一般以大众化织物为主，如牛仔布、富春纺（图5-56）、涤棉府绸、平布、棉绸、平绒、灯芯绒及其他各种化纤针织、机织物（图5-57）等面料。

图5-56　富春纺

图5-57　机织面料

5. 猎装

猎装（图5-58），对面料选择的要求较高，一般应选外观平挺、质地紧密、"身骨"较好的面料。

①长袖猎装可以选择人字呢、粗花呢、军服呢等厚型毛料，也可以选用哔叽、华达呢、啥味呢、细帆布、中长花呢、中长条格织物等薄型毛料和棉型织物。

②对于短袖猎装，面料既可以选择全毛派力司（图5-59）、凡立丁、单面华达呢等毛织物和丝、麻织物等高档面料，也可以选择中长花呢、涤棉线呢、府绸及纯棉、卡其等大众类织物。

图5-58　猎装

图5-59　派力司

6. 卡曲衫

卡曲衫（图5-60），主要用于春秋季穿着，多有夹里。服装面料以稍厚实平挺为宜。雅致的条格织物是制作卡曲衫的理想材料。我们选料时既可以选粗花呢、海力蒙、法兰绒、驼丝锦等毛料，也可选用中长华达呢、花呢、克罗丁等化纤织物，还可用灯芯绒、细帆布等棉织物。

7. 风衣

风衣（图5-61），是指能够防风的大衣。一件好的风衣需要其面料既柔软又防水。风衣由于其造型灵活多变、美观潇洒、方便实用等特点，适合于春、秋、冬季外出穿着，也是近二三十年来比较流行的服装，深受中青年男女的喜爱。它可以用纯天然的棉、毛、丝及化纤等织物，也可以是用各类混纺织物。春季以各种中长化纤织物、涤棉卡其、防水涂层织物等为主。在秋季使用毛织物较多，秋季风衣用的毛料以平坦丰满、厚实、保暖防风、耐磨耐穿为标准，全毛缎背华达呢、贡呢、巧克丁、麦尔登、海军呢、哔叽、华达呢均是面料中的佳品。

图5-60　卡曲衫

图5-61　风衣

风衣里料必须耐用美观，穿用滑顺，吸湿透气，抗污耐磨。里料以缎织物、斜纹织物为主，如美丽绸、羽纱等。

8. 唐装

唐装（图5-62）是我国的传统服装。用"唐装"这一简称来表达现代中式服装的美。唐装用料要求布料手感滑爽、质地挺括、外观细洁。夏季唐装面料可选用淡浅色调的丝绸印花双绉、斜纹绸、乔其纱、绢纱、莨纱等，这些面料上常印有中国元素的纹样。这些织物质地柔软、滑爽，光泽柔和，透气性能好，飘逸华贵。春秋季唐装面料可选用中深色绸

图5-62 唐装

织锦缎（图5-63）、古香缎（图5-64）、彩锦缎（图5-65）、罗缎（图5-66）、金银龙缎等软缎，这些织物质地平挺，手感好，是制作唐装较好的面料。正式场合（重要会议、迎宾、赴宴等）穿着的唐装可选用织锦等软缎，以体现华贵高雅的气质。

图5-63 织锦缎   图5-64 古香缎

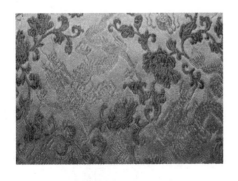

图5-65 彩锦缎   图5-66 罗缎

9. 裙子

裙子是遮盖下半身的筒形下装，它是人类历史上最早出现的服装。随着历史的进程，时代的变迁，裙子的款式日趋美观、时尚。对自己的体型不是太满意的女性可以选择大裙摆的裙子。因为，这能够充分显示女性腰部的苗条曲线，并能遮盖着一些体形上的不完美。

（1）长、短裙装（图5-67），长、短裙装可以作为秋冬季、春夏季的下装。秋冬季裙装，可以选用女式呢、啥咪呢、薄型花呢做长裙较合适，适宜深秋初冬时节穿着。春季裙装，可以选用杏皮桃、中长华达呢、毛涤哔叽等面料。夏季裙装，可以选择轻薄、柔软的面料，如柔姿纱、富春纺、麻纺等飘逸轻柔的面料，制作短裙、连衣裙、喇叭裙，这些裙装透气性好，行走时飘逸，能驱湿热，凉爽舒适。

图5-67　长裙、短裙

（2）西装套裙（图5-68），西装裙与西服配套，可组成上下装。一般要求面料手感光滑丰满、悬垂性好、挺括、有丝绒感，可选用各类毛织物，如轧别丁、法兰绒、薄花呢、女式呢等，还有各种较为挺括、厚实的条格面料和点子面料，西服套裙以合身为宜。

春夏季西装套裙（图5-69），可选用丝绸面料，穿着舒适，典雅，也可选用麻纱、人造棉、府绸等面料，它们具有吸汗的特点，穿着也极为舒适。

图5-68　西装套裙　　　　　　　　　　　图5-69　夏季西装套裙

（3）一步裙（图5-70）。穿着一步裙后差不多只能迈一步距离，只能慢走，不能跑，不能做多种大幅度的身体动作，但却是非常具有女人味的一款裙装。一步裙适合办公室女性在工作中穿着。在生活中，因为穿一步裙局限性大，行动非常不便，因此，在日常生活中少有人穿着。

全毛、混纺的呢料是制作冬季一步裙的常用面料，在春夏交替的季节，一步裙的面料还可以使用各种纯棉纺织或混纺织的薄型织物，夏季一步裙可以选择乔其纱、帐花呢、花瑶、棉绸、杏皮桃、柔姿纱等面料。面料若较透明，可用衬里或是配以衬裙，还可以在关键部位加以装饰，使之产生不同寻常的魅力。用牛仔布做成的一步裙以其充满青春活力的风貌，在流行的新潮中备受喜爱。

（4）连衣裙（图5-71）。夏季穿用的连衣裙，是最能显示女性形体美的裙装。为此，连衣裙要求款式新颖、多样、漂亮，面料轻盈、悬垂自然、凉爽、透气、吸水性好。常用的轻薄的织物有棉布、丝绸、亚麻织物和化纤等织物，还有薄型的针织汗布、棉毛布、罗纹布、真丝双绉、乔其纱、夏夜纱等，都是制作连衣裙的理想面料。

图5-70　一步裙　　　　　　　　　　　　　　　　图5-71　连衣裙

图5-72　美丽绸

（5）衬裙。用绢纺、电力纺、美丽绸（图5-72）等织物制作的衬裙，柔软舒适，有利于衣服内外空气流通和热量散发，玻璃纱也比较适宜制作短衬裙。

10. 泳装

由于泳装（图5-73）的面料要求轻、薄、有弹性，一般使用针织面料。也可用仿天然纤维的合成纤维织物、经编织物和弹力织物，还可用伸缩性好的醋酯纤维，或聚酯或聚酰胺纤维与聚氨酯纤维的交织物做的面料。

具有轻薄、滑爽、弹性好、色彩艳丽、穿着舒适的特点。作为白色或浅色泳装的针织物常用由防透明纤维与改性聚氨酯纤维交织而成的。

11. **裤装**

（1）西裤，西裤包括男西裤与女西裤。

①男西裤（图5-74），一般与西服搭配穿着。作为男西裤的面料，要求平挺滑爽，牢度好。若是制作轻薄的男西裤，宜选择平挺、干爽、吸湿、悬垂性好、织纹细腻的面料，如全毛凡立丁、派力司、单面华达呢、双面卡其、涤棉、纯棉府绸平布，或具有麻织物风格、质地爽挺的化纤织物。春秋用男西裤以平挺丰满、厚实的织物为好，传统西裤多用轧别丁、法兰绒、卡其、哔叽为面料，也常用涤纶花呢、中长织物做裤料。

图5-73 泳装

②女西裤（图5-75），女西裤选料范围较大，春秋季以全毛、毛涤、棉混纺和各类化纤织物为主，如薄花呢、单面华达呢、毛涤凡立丁、轧别丁、法兰绒、卡其、灯芯绒、细帆布等，其中格子花呢、人字纹花呢等一些中厚花呢，是较理想的西装裤面料。这些织物面料所用纱支高，织品密度大，质地紧密，呢面细洁，织纹清晰，丰满而滑爽，色泽鲜明，挺括，弹性好，不易沾污，经久耐用。用这样的面料制成的女西装裤，造型优雅合体。夏季西裤可选用丝绸类织物，也可以选全棉、棉麻等织物，如双绉、乔其纱、棉绸、卡其等，这些面料具有透气性好、穿着舒适。

图5-74 男西裤

图5-75 女西裤

曾有人试用一些较为轻薄的面料制作西装裤，与挺括的西服上装搭配穿，由此产生强烈的对比，产生意想不到的效果。这启发我们用支数相差悬殊的面料搭配上下装，可能

图5-76 宽松裤

会达到独特的视觉效果。还有用重磅仿真丝织物，如重磅涤双绉、重磅亚麻呢以及有良好悬垂性的针织面料等，制成的女西裤具有时装韵味，可以灵活地与羊毛衫、时装衬衫配合穿着。

（2）宽松裤（图5-76）。不同类型的着装者对宽松裤的面料质地和色彩有不同的选择。对喜欢穿着随意自在的人来说，颜色朴素、大方，质地较为粗糙的面料才是他们的最爱。如果要穿着讲究，那么马裤呢或斜纹织物的宽松裤是最好的选择。在寒冷季节里，棕色、栗褐色、深灰色灯芯绒面料的宽松裤最漂亮，天气暖和时，可以选用黄色丝光卡其或靛蓝牛仔布的宽松裤。对于稳健保守的人穿着的宽松裤，或许仍喜欢传统的样式和柔和的色调，以保持风格，对他们来说，冷天穿用灰色法兰绒宽松裤，而棕色卡其、细条灯芯绒和奶白色巧克丁则作为春秋穿着的宽松裤。

风雅型男士，总是喜欢衣着雅致合时，干净利落，所以他们对宽松裤的选料十分考究，常以上乘的面料为主。比较开放型的男士选用在休闲场合穿着的宽松裤料，一般选择华达呢、巧克丁（图5-77）、纯棉细条灯芯绒、优质棉双面卡其、涤棉线呢（图5-78）等织物。如果要变换花样，可以选用文静的方格呢、白色细帆布、灰色法兰绒浅淡的棕色华达呢等面料。下面介绍一种适于做宽松裤的面料——巧克丁。

图5-77 巧克丁

图5-78 涤棉线呢

巧克丁（tricotine）有"针织"的意思，其呢面织纹比马裤呢细，采用变化斜纹组织，呢面呈斜条组织形状，与针织罗纹相似。适宜做运动装、制服、裤料和风衣等。

（3）牛仔裤（图5-79）。质地坚硬、厚实的斜纹面料可做成牛仔裤，牛仔布常要水洗石磨，经多次洗磨后，颜色更加鲜亮，布面上产生微小白毛，呈现出牛仔布的特有风格。

（4）健美裤（图5-80）。健美裤使用各种轻薄的或弹性良好的面料制作，如羊绒弹

图5-79　牛仔裤

图5-80　健美裤

力布、涤纶弹力布、氨纶弹力布（图5-81），还有一种内穿的健美裤，是用羊毛或羊毛与其他材料混纺的针织健美裤。这种健美裤保暖性相当好，冬季可当内衬裤穿，可以丝毫不影响外裤的造型。

（5）短裤。传统的短裤较适宜于中、老年人穿着。使用涤棉卡其、薄花呢、凉爽呢等面料，做成的裤子平挺，再配上T恤或衬衫，显得更加有风度。

宽松式短裤（图5-82），采用宽松结构，抽褶、折宽褶等工艺，增加了裤子的宽松舒适程度。纯棉织物和人造棉织物透气性好，质地柔软，很适合做宽松短裤。真丝双绉、真丝砂洗也是流行的女式短裤面料，其质地滑爽，适合夏季穿着。各类印花的、条格的棉织物面料，制成的短裤随意轻松，又不失时尚，深受少女们的喜爱。

图5-81　弹力布

图5-82　女士短裤

12. 毛衫

毛衫（图5-83），使用针织工艺制作，用平针（图5-84）、罗纹针（图5-85）、双反面（图5-86）、提花、移圈（图5-87）、集圈、纱罗、菠萝组织（图5-88）结构来表现毛衫的各类花型纹样。

图5-83 毛衫

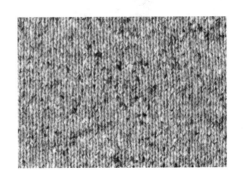

图5-84 平针

图5-85 罗纹针

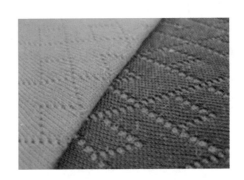

图5-86 双反面

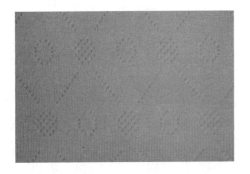

图5-87 移圈

图5-88 菠萝组织

毛衫分为精纺毛衫和粗纺毛衫两类。精纺毛衫的基本原料是绵羊毛纱线，具有较高的纤维强度、良好的弹性及热可缩性等。精纺毛衫一般不经缩绒整理，产品布面平整、挺括，针纹清晰，手感柔软，丰满有弹性。除绵羊毛之外的其他动物纤维，因其纤维线密度或长度不适于精梳毛纺系统纺纱，所以很少有精纺。粗纺毛衫常用的纱线有羊绒纱线、马海毛纱线、兔毛纱线、羊仔毛纱线、驼毛纱线、牦牛纱线、雪兰毛纱线等。

高级精品细羊绒针织面料，以其轻、薄、柔、软、滑、糯、舒适的服用性能和高雅独特的风格深受大众喜爱，经常用来制作高档服装精品。

羊仔毛细、短、软，常与羊毛、羊绒、锦纶等混纺成羊仔毛纱，羊仔毛毛衫毛感强、蓬松、弹性好，经缩绒、绣饰即可成为女士喜爱的毛衫；马海毛纱适宜做蓬松毛衫，毛衫一般经缩绒整理，也有采用拉绒整理，以呈现表面有较长光亮纤维的独特的风格；兔毛衫经缩绒整理后，具有质轻、丰满、糯滑的特质；安哥拉兔毛色纯白，富有光泽，粗毛很少，是高级兔毛衫的原料；驼绒缩绒性较差，性质与山羊绒接近，驼绒纱是毛衫常用原料，其面料蓬松、质轻、保暖性好。

13. **大衣**

大衣的种类较多，以面料区分，有呢大衣、皮大衣、羊绒大衣、羊毛大衣、羽绒大衣等；以款式区分，有长大衣、短大衣、轻便大衣、军大衣等。秋冬季所用面料以丰厚柔软、富有弹性、光足、色泽好为标准。

（1）男式大衣（图5-89）。男式厚呢大衣以灰、蓝、黑等深色为主。其传统面料为拷花大衣呢、海军呢、羊绒织物、驼绒织物、粗花呢等粗纺毛料及缎背华达呢、马裤呢、华达呢等精纺毛织物，是做厚呢大衣的理想面料。

目前在国外，打猎露营用的运动大衣，是以防雨布或厚大衣呢制成的起绒粗呢大衣，已在很多场合中代替了厚呢大衣。

（2）女式大衣（图5-90）。女式中长和长大衣选料要求厚实、丰满、滑糯。羊绒、

图5-89　男式大衣

图5-90　女式大衣

图5-91 幼童大衣

驼绒及各种羊毛织物较贵重，如细腻的羊绒大衣呢、面料表面可见丝丝银线般的银枪大衣呢、各种拷花大衣呢、平厚大衣呢、立绒大衣呢、顺毛大衣呢等是制作女式大衣的主要面料，也有些女式大衣以精纺毛织物制成。其他大众面料如各种化纤仿毛织物、涂层防水布、高密斜纹布、磨毛卡其、哔叽也都有选用。为了使大衣更加美观，还会用裘皮及人造毛皮制成衣领或装饰袖、袋及下摆。

（3）幼童大衣（图5-91）。幼童大衣的选料以灯芯绒、尼丝纺、牛仔布、卡其、巧克丁、平绒及各种化纤织物为主，特别是各种动感韵律强的、对比明显的条格面料及印花面料是幼童大衣的理想选材。女童大衣也常以提花绸为主要面料，同时选用软缎、织锦缎、古香缎或人造棉印花布等面料的也比较多。

14. 羽绒服

羽绒服（图5-92）是一种常用的防寒服装。它是用经过精选、药物消毒、高温烘干的鹅绒毛或鸭绒毛作填充物，用各种优质薄细布作胆衬料，根据设计的服装款式，用直缝格或斜缝格制出衣坯，固定羽绒，用各色尼龙布作内"胆"，以高密度的防绒、防水的真丝塔夫绸、锦纶塔夫绸或TC府绸等织物作面料，缝合而成。市场上常见的品种有羽绒夹克衫、羽绒大衣、羽绒背心、羽绒裤等。近年特别流行藏胆式易拆洗的羽绒大衣及各种穿着显腰身的新款式羽绒服。

羽绒服面料可简单分为硬、软两类。质地较"硬"的面料平整、挺括，制成的衣服穿起来精神、潇洒。质地"柔软"的面料轻软、细密，制成的衣服穿着舒适、随意，保暖性较前者为好。

图5-92 羽绒服

目前，使用较多的羽绒服面料为高支高密羽绒布和尼龙涂层等织物，对于面料要求紧密丰厚，平挺结实，耐磨拒污，防水抗风。各种全毛高支华达呢、哔叽相对比较高档，一般的高支高密卡其、涂层府绸、尼丝纺及各式条格印花织物都能选用，还可以用不同的面料进行拼接。羽绒服的内囊用料以防羽府绸、卡其、尼龙绸为佳。

羽绒服的内囊以羽绒、化纤絮片作为填充物，用得较多的有中空腈纶絮片，还有用涤纶短纤新型材料。羽绒做填充物的服装舒适，透气性好，缺点是容易"钻绒"，洗涤后没有蓬松感，保暖性会差。化纤填充物不会钻出织物，不易受潮，洗涤后不会像羽绒一样瘪下，且容易干燥。此类填充物对织物面料无特殊要求，普通织物诸如织花、印花布、线呢等均能使用。

15. **滑雪衣**

滑雪衣（图5-93）其款式设计主要考虑运动者手臂活动幅度较大，腰部便于回旋等，对材料要求有防水性、防风性及保温性。

常用的滑雪衣一般使用密度高的尼龙绸作面料，较稀薄的尼龙绸作里料，涤纶、腈纶或丙纶絮片作絮料的服装。其絮料保暖好，回潮率低，防虫蛀，弹性好，不易板结，易洗快干，这类服装适合在冬季气候潮湿的地区穿着。

16. **皮革服**

皮革服（图5-94），是指采用天然优质牛皮革（图5-95）、绵羊皮革（图5-96）、山羊革、猪皮革（图5-97）等制成的服装。皮革服装的种类分为内衣、外衣两大类。内衣有皮衬衫、皮背心等品种；外衣有长褛（褛为衣襟开口）、中褛、短褛、猎装、夹克、皮裤等品种。

图5-93　滑雪衣

图5-94　皮革服

图5-95　牛皮革

图5-96　绵羊皮革

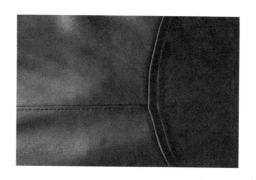

图5-97　猪皮革

市场上常见的皮革服装，以羊皮革为面料的最多，其次是猪皮革。服装革有全粒面和绒面两类，且以全粒面服装革更普遍。对于作为服装面料的皮革，总体要求是质地丰满、柔软、有一定的弹性，延伸性适当，不褪色。对于全粒面服装革，其粒面应滑爽细致，涂层具有一定的防水性。对于绒面服装革，绒毛应细致、均匀，并有一定的丝光感，其耐光性和防水性也应较好。

绵羊革服装一般采用全粒面革。其特点是粒面平细、柔软舒适，有海绵泡沫感，属上乘皮革服装面料，但绵羊服装革坚牢度较差，粒面不耐刮划。山羊革服装多数也为全粒面革。山羊革服装牢度较好，穿着舒适，美观耐用，但与绵羊革服装相比，其柔软舒适程度略差，并且外观不如绵羊革服装美观。猪皮革服装有全粒面的也有绒面的，其特点是粒面较粗，丰满性、弹性和柔软性较差，坚牢度和山羊革服装相近，但比绵羊革服装高，猪皮服装属中低档皮革服装面料。牛皮革服装多为全粒面革面为主，其特点是粒面平细，弹性较好，小牛皮服装革质量优于大牛皮服装革，价格也相应比较高。

图5-98　仿旧皮装

目前，为表现另一种独特的时尚，有采用仿旧服装革制成服装（图5-98）。仿旧服装革是将皮革加工成陈旧状态，如涂饰层显颜色和厚薄均匀，甚至有的涂饰层可以部分脱落。有的仿旧革需用砂纸不均匀地打磨，就像石磨蓝牛仔布一样，以追求其做旧的效果。仿古服装革往往涂饰成底色浅、面色深而不匀的云雾状，看上去有出土之物的色彩。这两种革仅是在外表进行改造，使其风格异化，但服装革的内在性能不变。

羊皮革、牛皮革、猪皮革都可以作表面外观处理而不改变其的"本质"的仿旧、仿古改造。

第二节　服装面料的色彩搭配设计

色彩是服装重要的组成部分。相同款式、面料的服装，如果采用不同色彩，会产生不同的感觉效果。因此，如果只有好的面料和款式而没有适宜的色彩，就不能构成好的服装。用一般的面料、款式，如果配色得当，便会给服装增色不少。

一、服装面料的色彩对比

色彩只有在与其他色彩的对比中才能体现它的美和价值。一种色彩，在没有参照物对比时，谈不上漂亮与否，只能是"单调"。服装的色彩是与人与环境的色彩相比较而产生美的视觉效果。服装色彩的对比是绝对的，而服装色彩在对比中发生视觉效果变化是相对存在的。人的视觉也是通过色彩的差别来识别色彩，进而感受它的情感。用对比的方法来设计服装色彩的协调配合，探讨不同对比的服装色彩对美感效果的论述。

　　色彩的差别虽然千变万化，但应按照同一属性来比较，不能用各种不同属性来对比，因为属性不同，对比效果会各异。任何属性的对比都不能用另一种属性对比来替代。同时，色彩对比的千变万化，形成了色彩情感效果的千变万化、各具特色，这是对比的特殊性。服装色彩对比的研究重点就在于研究色彩对比的特殊性，认识对比色彩的特殊个性，进而创造具有独特效果的服装色彩。

（一）色相对比

　　（1）同种色相对比（图5-99）。是一种色相的不同明度与不同纯度的比较。这种服装色彩的对比效果主要依靠明度来支撑对比差别，总体表现呆板、单调，但色调感强，表现为一种静态、含蓄的美感，是中老年服装常用的色彩组合。

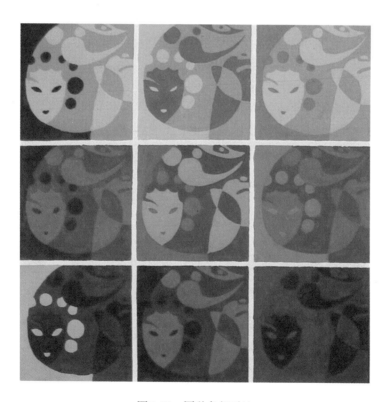

图5-99　同种色相对比

　　（2）邻近色相对比（图5-100）。这种色彩的服装色相单纯，对比差小，效果和谐、高雅、素静，但易单调、平淡、模糊，所以必须调节明度差来加强效果，它也是中年妇女欢迎的服装色彩组合之一。

（3）类似色相对比（图5-101）。较前述两种对比有较明显的改善，色彩效果较丰富，既能弥补同类色相对比的不足，又能保持统一和谐、单纯、雅致、耐看等特点，是中年妇女欢迎的服装色彩组合。

图5-100　邻近色相对比

图5-101　类似色相对比

以上三种对比使用在服装上，均能保持较明显的服装色彩色相倾向与统一的色相情感特征，效果鲜明、醒目，它们都属于服装色相对比中对比差小的对比。

（4）中差色相对比（图5-102）。这种服装色彩组合效果具有较明快、热情、饱满的特点。它是使人兴奋、感兴趣的色相对比组合，是运动服装最适宜的服装色彩效果之一。

图5-102　中差色相对比

（5）对比色相（图5-103）。这种对比效果强烈、醒目、引人注目，使人兴奋，但容易造成视觉疲劳，不易统一，而易杂乱、刺激，倾向性复杂，不容易具有色相的主色调，视觉效应一般较差。应用于服装色彩组合需采用多种调和手段来改善对比效果。

图5-103　对比色相

（6）补色对比（图5-104）。补色对比的色相极端相对，效果明亮、强烈、眩目、富有刺激感，极有号召力。这种对比效果是时尚女性比较喜爱的服装色彩组合之一。

图5-104

图5-104　补色对比

（7）无彩色零度对比（图5-105）。无彩色虽然无色相，但在实用方面很有价值。例如，黑与白、白与灰、黑与灰、深灰与浅灰、黑与白与灰、黑与中灰与浅灰等。这种服装色彩对比效果给人的感觉是大方、庄重、高雅而又富有现代感，但也易产生单调感。这种配色类型，不管年轻、年老、男性、女性都很适合，穿着覆盖面很广。

图5-105　无彩色零度对比

（8）无彩色与有彩色零度对比（图5-106）。这种服装色彩对比效果给人的感觉既大方又有一定的活泼感。例如，黑与红、白与紫、黑与白与红、白与灰与蓝等。如大面积为无彩色时，为较适合年龄稍大的人穿着的色彩组合；反之，大面积为有彩色时，则较适合青年人穿着。因此，这是一种覆盖面最广的大众配色方案。

图5-106　无彩色与有彩色零度对比

（9）无彩色与同种色相零度对比（图5-107）。服装色彩对比效果综合了无彩色与有彩色对比、同种色相对比两个类型的优点，给人的感觉既有一定层次，又显大方、单纯，是深受大众欢迎的稳定配色类型，例如，白与蓝与浅蓝、黑与橙与咖啡等。

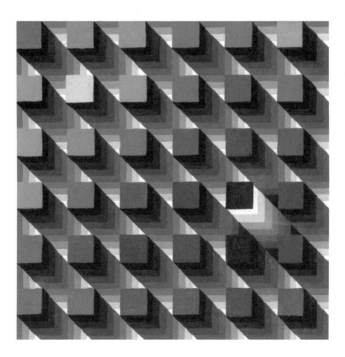

图5-107　无彩色与同种色相零度对比

（二）纯度对比（图5-108）

色彩纯度高的鲜艳色，其色相明确，视觉引人注目，色相心理作用明显，是受活泼、热情的青少年欢迎的服装色彩组合，但长时间注视易引起视觉疲劳。色彩纯度低的灰色的色相含蓄，视觉兴奋少，能持久注视，是性格文静的人及中年妇女喜爱的服装色彩组合，但有平淡无奇、单调而易生厌的缺点。

用同明度、同色相条件下的纯度对比组织，其服装色彩效果柔和。纯度差越小，对比越弱，清晰度也越差。

纯度对比的另一特点是增强用色的鲜艳感，即增强色相的明确感。纯度对比越强，鲜艳色一方的色彩越鲜明，会增强服装配色的鲜艳、生动、注目及情感方面的倾向。

纯度对比时，往往会出现配色的粉、脏、灰、黑、闷、火、单调、软弱、含混等状况，这些都是服装配色时应该避免的问题。

在色彩属性的三种对比中，同样面积的色彩，纯度低的不如纯度高的色相对比、明度对比效果强烈，因此，服装面料的配色往往重视明度的对比效果。

图5-108 各类色彩纯度对比

（三）冷暖对比（图5-109）

因色彩冷暖差别而形成的色彩对比称为冷暖对比。服装面料冷暖对比的特点包括以下几点：

服装色彩冷暖对比主要由色相因素决定，色相由于纯度和明度的改变，冷暖倾向会略有改变。服装色彩冷暖对比与色彩其他属性的对比有关。服装色彩冷暖对比将增强对比双方的色彩冷暖感，使冷色更冷，暖色更暖。冷暖对比越强，即对比双方冷暖差别越大，双方冷暖倾向越明确，刺激量越大；对比双方差别越小，双方冷暖倾向越不明确，但服装色彩总体色调的冷暖感会增强。

图5-109　冷暖对比色服装实例

二、服装面料的色彩搭配

服装面料本身的材质、织纹、图案、色彩等基本元素构成了服装色彩的意象，并通过意象来传达服装色彩的形式感。

不同的面料有各自的特点，它们分别给人以独特的观感、手感、触感。例如，棉织物具有保暖、吸水、耐磨、耐洗的特性，有良好的皮肤触及感，感觉自然、朴实，色彩一般比较鲜艳。麻织物具有吸水、抗皱、稍带光泽的特性，有滑爽的手感，感觉凉爽、挺括，色彩一般比较深暗、含蓄。丝织物具有很好的吸湿性，光泽度好，手感细腻、柔软，感觉华丽、精致、高贵，色彩浓、淡、鲜、灰均宜。再生纤维等纤维织物具有柔软透气的特点，色彩鲜艳。合成纤维织具有耐磨、弹性好、防皱等特点，手感光滑，感觉挺括。化学纤维和天然纤维混纺的织物则兼有两者的优点，特别是众多的仿毛织物，柔软、挺括、保暖性好，色泽丰富，外观上极似毛纺织物。非织造材料中皮革和合成革占的比例较大，具有表面光亮、柔和、保暖性好等特性，感觉高贵、沉着，色泽偏暗。

当今的服装潮流以色彩的性格和面料的性格的和谐配置为特点，共同构成了当代时装的最新格调，颇具魅力。

着装美取决于人站立、静坐、行走时的人体与服装的和谐程度。人在活动时表现出来的服装曲线、曲面的均匀流畅，由面料的悬垂性而定，受面料的回弹性等力学因素的影响，也受面料色泽、纹样、织纹结构综合感觉影响。所以，一件完美的服装，其面料的选择是其成功的保证。

呢绒面料是秋冬季的服装面料，具有弹性好，保暖性强，平挺而不皱，经熨烫折线不变形的特点。根据面料的风格，男装选择硬挺度高的面料，女装则选用有丝绸感、柔软的面料。夏季服装面料选择，应注意织纹由平纹转为皱纹组织，力求悬垂性好，颜色要明快，由普通捻度转为大捻度，以求凉爽和薄的效果。有光泽、闪光感的织物是华丽服装面料的选择对象，以达到晶莹闪光的华丽效果。

目前，市场上的石磨类织物及起皱织物，感觉质朴、自然，有一种粗犷美的效果；丝绸、棉布、绢绡等软织物具有温柔的感觉；丝绒混纺、织锦缎等硬质地织物有挺括、稳重的感觉；凹凸织物有浮雕感、立体感；绒面织物的平绒、丝绒、人造毛皮、纯绒织物以及松捻粗棉线、提花、烂花等织物具有温文尔雅的感觉。不同的主题会选择不同的面料，表现不同的风格，其选择过程就是服装的设计过程。这说明在服装设计中包括服装的面料设计，是与灵感、意念同时产生于面料的选择过程中。通过对服装面料的选择，例如，厚的深沉，薄的柔美，硬的挺拔，柔的飘逸，重的厚实温暖，轻的凉爽，用这些词语表达，再恰当地运用这些面料"性格"，就是很好的服装与面料的共同设计。因此恰当地选择表现着装者个性的服装面料是服装设计成功的关键。如晚礼服要采用闪光织物（图5-110），交际场合穿着的服装要选择挺括的织物，郊游用的服装选用松软、轻便的织物（图5-111），都是成功运用服装面料来表达服装"语言"的案例。

图5-110　晚礼服

图5-111　春季郊游服装

第三节　服装面料与配饰的搭配设计

服装配饰与服装面料的关系是局部与整体的关系。离开服装（面料）配饰是没有意义的。然而，点缀的服饰配件也不能随意与其他不相关主体搭配。点缀物要恰如其分地出现在应该出现的"配角"部位，使人充满青春的活力，生机盎然。在服装上配以饰品，会对服装的整个造型起到"画龙点睛"的作用。服、饰搭配完美，能反映出一个人的文化修养和审美水平。它是服装整体不可或缺的组成部分（图5-112~图5-116）。

图5-112　服饰配件搭配实例1

图5-113　服饰配件搭配实例2

图5-114　服饰配件搭配实例3　　　　　　　　　图5-115　头巾搭配实例

图5-116　服饰配件搭配实例4

　　服饰配件有头饰、挂饰、腰饰、面饰、脚饰、颈饰、耳饰等，它们各有不同的用途，由此产生了各种不同材料的配件装饰品。如金、银、宝石制作的项链、手镯、耳环、戒指、胸花、别针等，还有用不同的纤维材料制作的发卡、纽扣、腰带、方巾、帽子、鲜花、绢花、提包、袜子、鞋、伞等。

　　由于服饰配件在服装中是"配角"，所以它的色彩常是中性色或无彩色，体量上较小，起到点的效果。在使用这些装饰用的点缀时，一般采用统一融合的方法。如西方的婚礼服，则用白色的耳环、项链、手套、皮鞋、头饰，手里拿着白色的花束。这些点缀与白色婚礼装组合成一派冰清玉洁的色彩气氛相融合。另外，也可以使用面积悬殊的对比色配饰做点缀，起到呼应和关联的作用，或起到强调、分离、淡化的作用。服饰配件虽然是配角，但对整体服装效果却是不容忽视的。

　　现代服装中服饰丰富多变，其变化许多是通过服饰配件来实现的。如采用不对称的划分形式、斜线划分形式、交叉线划分形式、自由线划分形式、多种线组合形式都离不开运用服装的配件来组合。例如，服装配件方巾，在组合不对称线的划分形式中能起到举足轻重的作用。过去方巾仅用来包头、围颈，而现在可以成为全身服饰的装饰品；过去方巾只适用于秋、冬季，现在四季都用。方巾的用途广泛，款式多样，色彩艳丽。方巾用以包头可衬托脸容的艳美。方巾包头前倾时，脸部显得秀美；后倾时，瘦脸型显的宽阔。用方巾围颈，方巾色彩与服装的色彩形成对比，起到点缀作用。方巾斜向披肩时，可构成一种优美活泼的灵动感。方巾用来束腰，或扎在发髻上，或拿在手中，或系在背包上，都使人感到别致、清新。

　　用方巾制作服装大致是：2～3块方巾可制作一件上衣；3～4块方巾可制作一条裙子；13条方巾可缝制一套礼服。方巾的花纹图案变化，能产生意想不到的效果，这是普通面料花纹所不能达到的效果。方巾作为披肩时，可与裙子、上衣、裤子、帽子、鞋等搭配，尤其是当方巾和服装的质地不同时，更能产生一种别具一格的独特效果。

使用自由线划分形式时，装饰腰带是最突出的使用对象（图5-117）。通过腰带的对比或类似的手法，实现整体服装的和谐。如白色套裙，为了求得变化，可系一条色彩鲜艳的腰带；质地轻而薄的面料可搭配较细小精致的腰带。或以套装中的相同面料做腰环，可收到既变化又谐调的效果。装饰腰带的宽窄，可以改变人的腰部的不完美。如人的腰节偏低时，可用宽腰带；腰围粗的人适合用细腰带，而且腰带色彩要鲜艳；腹部丰满的人应选择两侧宽、前后细的曲线腰带，而且饰扣也要简单；腹部平坦的人可用两侧窄、前后宽的腰带；身材矮小的人，不适合用宽腰带，否则会产生横向延伸的感觉；高个子可选用宽腰带，可用重心下沉的三角形腰带，颜色也可采用对比色，强调上下分割。

图5-117　服饰配件搭配实例——腰带

思考与练习

1．请以实例说明并分析儿童服装的特点。

2．思考服饰配件对整体服装风格的影响。

应用设计——

服装辅料的应用设计

课程名称： 服装辅料的应用设计

学习目的： 通过本章的学习，要求学生掌握服装里料、衬料、扣紧材料及其他辅助材料的分类；掌握辅料在服装设计中的应用，并能进行辅料的设计。

本章重点： 本章重点为服装里料、衬料、扣紧材料的分类及在服装中的应用。

课时参考： 8课时

第六章　服装辅料的应用设计

服装辅料是指除面料以外，构成完整服装所需的其他辅助用料。服装辅料是构成服装整体的重要材料。

辅料的功能性、服用性、装饰性、耐用性，与其加工、经济价值有关。可直接影响服装的结构、工艺、质量和价格，同时也影响服装的完美性、实用性及舒适性。对艺术设计而言，服装辅料有时也会成为艺术设计或服装设计的主体。本章主要介绍服装里料、服装衬料、填絮料、连接材料、线料与装饰材料等。具体包括里料、衬料、填料、线料、连接材料、装饰材料等。

第一节　服装里料

服装里料是服装的里层材料，俗称夹里布。服装里料主要是为了保持服装造型，也具有保护面料、方便穿脱的作用，同时增加了服装的保暖性。

一、里料的分类

服装里料的种类很多。按织物的原料可以分为天然纤维里料、化学纤维里料、混纺和交织里料。天然纤维里料通常有棉纤维里料与真丝里料两种。化学纤维里料通常有黏胶纤维里料、聚酯纤维里料、铜氨纤维里料、涤纶里料、锦纶里料等。混纺和交织里料通常为涤棉混纺或涤棉交织、黏棉交织里料等。

按织物组织可以分为机织里料、针织里料。机织里料又可分为平纹、斜纹、缎纹及提花里料按织物的染、印、后整理工艺，可以分为染色、印花、轧花、防水涂层、防静电等里料。

二、常用里料

（一）羽纱

羽纱的经纱采用13.2tex的有光黏胶丝，纬纱为28tex的棉纱，采用三上一下经面斜纹组织织成（图6-1）。此外还有纯棉羽绸、纯黏胶羽纱、上蜡羽绫等，它们的基本特性与羽纱类似，在服装内里的使用情况基本相同。

羽纱正面光滑亮丽，反面黯淡无光，手感滑爽，吸湿、透气性能较好，比较厚实。但易缩易皱，尺寸稳定性差，缩水率约为6%。常用来做中厚毛料服装的夹里布、裤腰里布等。

（二）美丽绸

美丽绸是一种纯黏胶丝斜纹织物，经纬纱全部采用13.2tex的黏胶长丝。织物组织采用三上一下经面斜纹（图6-2）。

图6-1　羽纱

图6-2　美丽绸

织物手感柔软滑爽，吸湿、透气性能较好。织物斜向纹路清晰富有光泽。但尺寸稳定性差，缩水率约5%。

美丽绸常用作毛料服装的里料，品质稍优于羽纱。

（三）尼丝纺

尼丝纺以锦纶长丝为原料，采用平纹组织织制（图6-3）。可以进行漂白、染色、印花或涂层处理。尼丝纺轻、薄、软，手感光滑，耐磨性好，坚牢度高，常用作各类男女上衣、西装的夹里、西裤膝绸里等。

图6-3　尼丝纺

尼丝纺可以做面料，也可以做里料。它经化学涂层处理后，具有优良的耐水性，保暖性好，即可做运动装、羽绒衫、夹克的里料，也可作为面料使用。

（四）电力纺

电力纺是高档里料，它以桑蚕丝为原料以平纹组织织成。手感柔软光滑，轻薄亮丽、色泽自然。具有良好的吸湿与透气性能。但弹性差，易皱、易缩。缩水率约5%。

电力纺常用作高档服装的里料，如西裤膝绸里、丝绸时装里料等（图6-4）。

图6-4　电力纺

第二节　服装衬料

服装衬料主要包括衬布与衬垫两大类。

衬布通常是指用于服装某些部位，起衬托、完善服装造型或辅助服装加工的材料。衬料的运用既可以精简服装工艺，又可以使服装造型更趋完美、提高服装的穿着舒适性。衬布主要用于服装衣领、袖口、袋口、裙裤腰、衣边及西装胸部等部位（图6-5）。

图6-5　衬布的应用

衬布介于服装面料与面料之间、服装面料与里料之间或者直接应用于服装面料。衬料的作用主要是加强、加固服装局部部位；便于服装造型、定型与保型；增强服装的弹性与挺括感，改善服装的视觉风格；增加服装的厚实感、丰满感，提高服装的保暖性能；改善服装的悬垂性与手感，提高服装的舒适性等。

一、衬布的分类与应用

衬布按里料生产工艺分类，可以分为机织服装用衬、针织服装用衬。可在不同服装、不同部位上使用。

衬布按服装类别可以分为外衣用衬、衬衫用衬、裙与裤用衬、西装用衬、领带用衬、鞋与帽用衬等。

衬布按服装材料分类可以分为裘皮服装用衬、丝绸服装用衬。

衬布按基布所采用的纤维材料可以分为棉衬、麻衬、动物毛衬与化学衬。

（一）棉衬、麻衬

棉衬采用较细棉纱织成本白棉布，加浆料的衬为棉硬衬、不加浆料的衬为棉软衬。棉软衬手感柔软，用于过面、裤腰或与其他衬搭配使用，以适宜服装各部位用衬软硬和厚薄变化的要求。

麻衬采用麻或麻的混纺，用平纹组织织成。麻衬由于麻纤维刚度大，具有较好的弹性与硬挺度。常做普通衣料的衬布，如中山装等。

（二）动物毛衬类

毛衬经纱多采用棉或涤棉的混纺，纬纱多采用毛、化纤长丝或混纺纱。

动物毛衬按基布的重量可以分为超薄型、轻薄型、中厚型和超厚型四种。超薄型的基布重量在155g/m²以下，轻薄型的基布重量在156g/m² ~ 195g/m²之间，中厚型的基布重量在196g/m² ~ 230g/m²之间，超厚型的基布重量在230g/m²以上。

动物毛衬一般用于中厚型面料的西装、大衣的驳头衬、胸衬等。按使用部位可分为半胸衬、全胸衬、肩衬、袖窿衬。

动物毛衬按基布的纤维材质可以分为黑炭衬、类炭衬、马尾衬等。经纱多采用棉纱或涤棉混纺纱，纬纱则为毛、混纺、马尾或包芯马尾等。

（三）化学衬

1. 树脂衬

树脂衬是以纯棉、棉混纺或化纤纱线为原料，以平纹组织织制，经漂白或染色整理后浸轧树脂而成（图6-6）。树脂衬主要用于衬衫、外衣、大衣、风衣、西裤等服装的前身、衣领、门襟、袖口、裤腰等部位。

图6-6 树脂衬

树脂衬的弹性与硬度均较好，但由于硬挺度过高，导致着装时易产生不适感，同时树脂衬存在甲醛公害与吸氯泛黄的缺点，近些年来已经逐步被黏合衬所替代，而更多的应用于钱包、卡包之类的制作中。

2. **黏合衬**

黏合衬按基布种类可以分为机织黏合衬、针织黏合衬和非织造布黏合衬（图6-7）；按热熔胶的类别可以分为聚酰胺黏合衬、聚乙烯黏合衬、聚酯黏合衬等；按热熔胶涂层方式可以分为粉点黏合衬、浆点黏合衬、双点黏合衬和撒粉黏合衬。

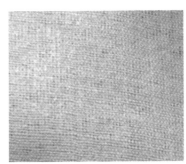

图6-7 机织黏合衬、针织黏合衬、非织造布黏合衬

（1）基布。基布按织造方法可以分为机织、针织与非织造三种。

①机织基布一般采用中等细度的棉纱为经纬纱，采用平纹或斜纹组织织制，经纬密度相近，织物较疏松，便于起绒整理及热熔胶的浸润。经硬挺整理的基布挺括而有弹性，不皱不缩；经柔软整理的基布，手感柔软，悬垂性好。

②针织基布又分为经编针织基布和纬编针织基布两种。经编基布以衬纬经编织物为主，多为薄型织物。该种基布纵向悬垂性好、纬向弹性好，重量轻，手感柔软，有较好的尺寸稳定性。多用作外衣前身衬布。纬编基布由锦纶长丝编织而成，织物弹性好，手感柔软，多用于针织服装或轻薄型面料的服装衬布。

③非织造布基布按重量可以分为薄型、中厚型、厚型；按非织造布中纤维排列形态可以分为定向和非定向；按纤维网加工方式可以分为化学黏合法、针刺法、热轧法、缝编法。非织造布重量轻、弹性好、透气性好，价格实惠，裁剪、缝纫简便，是黏合衬的主要基布之一。

（2）热熔胶。热熔胶的性能主要包括热性能、黏合牢度和耐洗性能。热性能即熔融温度和黏度，它决定着黏合衬的压烫条件；黏合牢度和耐洗性能决定了黏合衬的耐水洗、耐干性性能。

（3）涂层方式。常见的热熔胶涂布方式主要有撒粉法、粉点法、浆点法、双点法。

二、衬垫材料

衬垫材料主要是指肩垫，它是用于肩部的衬垫，也称垫肩、攀丁。

1978年，法国大师圣罗朗提出了宽肩的美感，肩垫由此开始市场化。现在欧美、中国香港的成衣几乎都有肩垫。

（一）肩垫的种类

1. 肩垫按作用分类

可以分为功能型与修饰型。

（1）功能型肩垫又被称为缺陷弥补性肩垫。人体的肩关节略前突，为减轻这种前突感，服装设计中常选用薄（厚度约3～5mm）而手感良好的圆弧形肩垫来进行补足。功能型肩垫主要适用于休闲类服装。

（2）修饰型肩垫是用来对人体肩部进行修饰或彰显服装风格的一种服装辅料。它的款式繁多、造型各异，主要适用于正装、时装等。

2. 肩垫按成型方式分类

可以分为热塑型、缝合型、切割型三种类型。

（1）热塑型肩垫是利用模具成型和熔胶黏合技术制作而成。广泛适用于各类服装。对于薄型面料时装来说，高级热塑型肩垫更是不可或缺的辅料。

（2）缝合型肩垫是利用拼缝机及高头车等设备将不同原材料拼合而成。它的款式较多，厚实而有弹性，耐洗、耐压烫、尺寸稳定、经久耐用，相对热塑型肩垫，它的表面光洁度较差，多使用于厚型面料服装。

（3）切割型肩垫是采用切割设备将特定的原材料（海绵）进行切割而制成。但由于海绵肩垫的固有缺陷（易变形、易变色等），该类型的肩垫已基本被淘汰。

3. 肩垫按使用材质分类

可以分为海绵肩垫（图6-8）、喷胶棉肩垫、无纺布肩垫（图6-8）、棉花肩垫。

（1）海绵肩垫是早期肩垫产品，主要缺点是易变形、易氧化变色，优点是价廉。主要适用于低档服装。

（2）喷胶棉肩垫也属于早期产品，主要缺点是弹性差、易变形、外观粗劣，优点是价廉。主要适用于低档服装。

（3）无纺布肩垫是纤维制品，产品款式丰富、外观漂亮、弹性良好、款型稳定、耐用、价格适中。适用于各类服装。

（4）棉花肩垫，不能单独成型，须与无纺布配合车缝成型。其产品弹性良好、耐用，缺点是表面不光洁、成型效果较差、易起泡，价格较高。

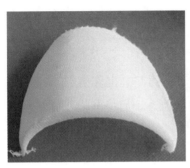

图6-8　海绵肩垫、无纺布肩垫

（二）肩垫的选用

肩垫应根据服装的款式特点和服用性能的要求进行选用。平肩服装应选用齐头肩垫；插肩一般选用圆头肩垫；厚重面料应选用尺寸较大的肩垫；轻薄面料应选用尺寸较小的肩垫；西服大衣应选用缝合型肩垫；时装、插肩袖服装、风衣应选用热塑型肩垫。

第三节　扣紧材料

服装材料中的扣紧材料主要包括纽扣、拉链、绳带。

一、纽扣

纽扣在服装的运用中，一方面具有传统的联结功能，另一方面也具有装饰功能。纽扣的色彩、材质、造型以及在服装上的位置是服装设计所要考虑的重要因素。

（一）纽扣的分类

纽扣按材质可分为合成材料纽扣、金属材料纽扣、天然材料纽扣、复合材料纽扣等（图6-9）。

图6-9 各式纽扣（图片源于：国际春季成衣及时装材料展）

（二）纽扣的选择与应用

纽扣的选配要综合考虑纽扣的色彩、造型、材质及位置。通常来讲，纽扣的颜色应与面料颜色协调，或统一，或呼应，或对比。纽扣的造型应与服装的款式造型协调。纽扣的材质与轻重应与面料厚薄、轻重相配伍。纽扣的大小应主次有序，且与纽眼配伍。纽扣的位置也可以依据创意的设计进行选择。纽扣在服装设计中的运用如图6-10所示。

图6-10 纽扣在服装设计中的运用（选自《国际纺织品流行趋势》）

二、拉链

拉链常用于服装开口部位的扣合，近些年也常用来作为装饰材料。拉链即可以简化服装的加工工艺，方便实用，又可以作为创意设计的材料，在服装设计中应用广泛。

（一）拉链的分类

拉链按适用功能可以分为开尾型、闭尾型、双向拉链和隐形拉链四类。

图6-11　开尾型拉链

1. 开尾型拉链

即两拉链布可以完全分离的拉链（图6-11）。使用时须将插针插入拉头及针盒中，便可拉合靠口。适用于夹克等外套前衣襟。双头拉链是开尾拉链的特殊形式，两端均装有插针、拉头及针盒，可由任何一端或两端同时开合（图6-12）。

2. 闭尾型拉链

常见于拉链两布带下端以尾止衔接，另一端为分离式（图6-13）。如用于裤、裙门襟等。双头闭尾型拉链上、下两端均以头止衔接两布带，成为封闭开口式的拉链。如用于腰部紧合的衣袋、口袋、皮包等。

3. 隐形拉链

即拉合后不露拉链齿带，仅露出拉头的拉链（图6-14），常用于裙装、裤子等。

图6-12　双头拉链　　　　　　图6-13　闭尾型拉链　　　　　　图6-14　隐形拉链

（二）拉链的设计

近些年来，拉链除满足功能方面的设计外，越来越注重外形设计（图6-15、图6-16）。外形趋向美观、时尚，具艺术感。

图6-15　拉链头外形设计

图6-16　拉链整体外形设计（图片源于：modamon kcczipper）

（三）拉链的应用设计

1. 细节应用效果

拉链可以用于服装的门襟、袖口等细部（图6-17）。

2. 整体应用效果

拉链在服装设计中具有重要的作用，除去功能性外，对于服装整体外观的视觉效果也具有点缀作用。以下各图为拉链在服装设计中应用的整体效果呈现（图6-17）。

图6-17 拉链在服装中的运用（选自《国际纺织品流行趋势》）

第四节 其他辅料

一、服装填充料

服装填充料是在面料与里料之间的填充材料。服装填充料的作用是保暖、改变服装的体积感及其他特殊功能。

服装填充料的主要品种是絮类填充料，如棉花、丝绵、动物绒毛、羽绒等。填充料的材料还有化纤絮、太空棉、远红外棉、泡沫塑料、混合絮料、特殊功能絮料等。

服装填充料选配时要综合考虑服装造型和服用性能，要求穿着轻、暖、便于保养，并充分考虑与面料、里料的匹配。

二、缝纫线

缝纫线是用于连接服装各个部位裁片的线类材料，分为缝纫机缝合线与手工缝合线，有天然纤维和化学纤维为原料的各种缝纫线。缝纫线是最终完成服装制品必要的材料（图6–18）。

图6-18 氨纶包覆线、棉线、丝光线

缝纫线的主要品种有棉线、丝线、涤纶线、涤棉线、绵纶线、金银线（金银丝）、特种缝纫线等。特种缝纫线与一般缝纫线不同，它具有特殊功能，如弹力缝纫线，透明缝纫线等。

缝纫线的选配要与衣料质地、颜色、性能、服装用途相匹配，并且还要考虑缝针、缝合部位与缝合厚度、缝合方法等。

三、装饰材料及其他

服装装饰材料是对服装起到装饰与点缀作用的材料，常用的服饰材料有花边、缎带、镶缀材料等。

1. 花边（又称蕾丝）

是用于内衣、时装、礼服、童装及装饰织物的嵌条和镶边，具有花纹图案的织物（图6–19）。

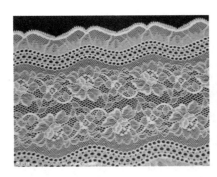

图6-19 蕾丝

2. 缎带

是用缎纹组织织制的装饰类织物（图6-20），用于服装镶边、滚边、礼品包装等。

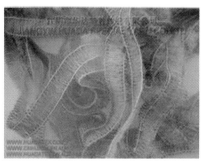

图6-20　涤纶缎带、花式缎带

3. 镶缀材料

包括珠子、钻饰、亮片、塑料饰物、动物羽毛等（图6-21）。

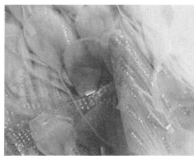

图6-21　羽毛、塑料花、亮片

这些材料用线缝合镶嵌在服装不同部位上，特别是用在礼服上，在光的照射下闪闪烁烁，装饰感极强。

其他服装辅料还有松紧带、绳带、商标、洗涤标及包装材料等。

思考与练习

选定主题，进行一个系列的服装设计，注意辅料的运用。

参考文献

[1] 北京盛世嘉年华. 寻找服装的方向[M]. 北京：中国纺织出版社，2009.

[2] 孙晋良，吕伟元. 纤维新材料[M]. 上海：上海大学出版社，2007.

[3] 中国纺织工程学会. 2012~2013年纺织科学技术学科发展报告[M]. 北京：中国科学技术出版社，2011.

[4] 耿琴玉，张曙光. 纺织纤维与产品[M]. 苏州：苏州大学出版社，2007.

[5] 孙世圃. 服饰图案设计[M]. 4版. 北京：中国纺织出版社，2000.

[6] 王革辉. 服装材料学[M]. 北京：中国纺织出版社，2006.

[7] 杨静. 服装材料学[M]. 2版. 北京：高等教育出版社，2007.

[8] 王猛. 色彩搭配全攻略[M]. 沈阳：辽宁美术出版社，2009.

[9] 汪芳. 家纺图案设计教程[M]. 杭州：浙江人民美术出版社，2009.

[10] 雍自鸿. 染织设计基础[M]. 北京：中国纺织出版社，2008.

[11] 黄国松. 染织图案设计高级教材[M]. 上海：上海人民美术出版社，2005.

[12] 朱远胜. 面料与服装设计[M]. 北京：中国纺织出版社，2008.

[13] 龚建培. 现代服装面料的开发与设计[M]. 重庆：西南师范大学出版社，2003.

[14] 阿黛尔. 时装设计元素：面料与设计[M]. 朱方龙译. 北京：中国纺织出版社，2010.

[15] 朱远盛. 服装材料应用[M]. 上海：东华大学出版社，2006.

[16] 朱松文. 服装材料学[M]. 北京：中国纺织出版社，2004.

[17] 香黛儿·爱丽思. 疯狂时尚[M]. 张靓译. 北京：中国摄影出版社，2012.